JN144741

基礎図　　学

■【無断転載等の禁止】
本書の内容（本文，図・表等）を，当社および著者との書面による事前の同意なしに，無断で転載（引用，翻訳，複写，データ化）し，配信，頒布，出版することを禁止いたします．
同意なく転載を行った場合は法律上の問題が生じますのでご注意ください．

Ⓡ本書の全部または一部を無断で複写複製（コピー）することは，著作権法上での例外を除き，禁じられています．本書から複写を希望される場合は，日本複写権センター（03-3401-2382）にご連絡ください．

基礎図学

第3版

工学博士　磯田浩著

ジュピター書房

はじめに

本書は，大学教養課程，工学系基礎課程における，図学の教科書，参考書として書かれたもので，記述の基本方針はつぎのようなものである．

(1)　立体の認識力，理解力を深めることを目的として，立体を取り扱う幾何学的な方法別に章を編成してあるので，系統だった学習をすることができる．

(2)　取り扱う問題は，基本的・不可欠なものにしぼり，複雑・特殊な問題は除いた．

(3)　短期間に学習しようとする者は，1，2，3，4 章の順に読み，必要とあらば6，7 章を追加すれば，立体に関する十分な知識を習得することができる．

(4)　本文の記述は簡明を旨とし，図を見れば問題を理解できるよう努めた．

(5)　立体を表現する各種投影法を広く採録し，標高投影法・立体投影法（ステレオグラフ投影法）など，特殊な投影法の基礎も解説した．

(6)　練習問題は，付属練習帳の形式にして，各節ごとに本文中例題に近い手法のものを集録した．この方法は理解を深めるのに特に有用であると信ずる．練習問題はエレメンタルな問題ばかりでなく，応用的なものも組み入れてあるが，自習，学級での演習の際には，これをはぶいてもよい（＊印を付してある）．

(7)　用語は，基本的なところは数学用語を，応用的なところでは JIS 製図関係の用語をできるだけ採用し，それぞれとの連絡を密にするよう心掛けた．

本書を書くにあたっては内外の多くの本を参考とさせていただいた．また，本書の刊行に当たり絶大なご協力をいただいた原正敏，富田宏両氏に深く感謝をささげる．

1969年1月

著　者

増補改訂版の序

初版発行以来，随時，小改訂はほどこしたものの，大きな改定なしに七年余が経過した．この間，本書のような新しい形式の図学教育の意義が理解され，広い範囲の学校で教科書として採用されてきたことは，著者のよろこびとするところである．

今回，七年間の実施経験と使用された方方からの御助言にしたがって，不適当と思われる字句，表記を大幅に訂正すると同時に，不足であると考えた面の接触に関する項目を追加した．

これにともなって，付属問題集も増補改訂して，より使いやすく，しかも学習効果の上がるものを集録した．

1976 年 4 月

著　者

本書は，1969 年 1 月に理工学社より刊行されました．

「はじめに」，「増補改訂版の序」は刊行時のものです．

目　次

基礎 図　学

1. 立体の表現法

1・1 立体を表わす図の持つべき性質

立体の 幾何学的性質の研究は，まず立体を 紙の上にえがくことから始まる.

立体を 幾何学的に正しく 紙の上に表わす図は，つぎのような性質を 持っていなければばならない.

(1) 立体上の点と 図上の点とは 対応関係があること.

(2) 図を測れば 立体上の点の座標を知ることができること.

(3) 図を作る方法が 複雑でないこと.

以上の諸性質を満足する方法のうち，現在 実用されている方法は，すべて 投影という 幾何学的プロセスを用いる方法である.

1・2 投影法の種類

A. 投 影 法

投影とは，空間の点Aを通る 一本の直線が ある定平面と交わる点 a で 空間の点を表現する方法であって，この直線を **投射線**，定平面を **投影面**，定平面上の対応点 a を 空間の点 A の **投影** という（図1・1).

投射線は ある定点（これを **投影中心** という)を通るようにするか，あるいは 互いに平行とする. 前者の方法を **有心投影法**, 後者の方法を **平行投影法** とよぶ.

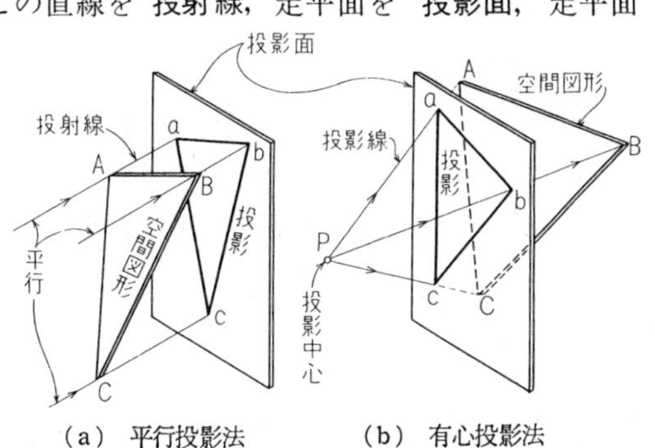

（a） 平行投影法　　（b） 有心投影法

図 1・1 投 影 法

有心投影法には，**透視投影法**・

立体（ステレオグラフ）投影法 などがある.

平行投影法には，投射線が投影面と垂直な **直投影法**（**複面投影法**・**直軸測投影法**）と，投射線が斜めの **斜軸測投影法** とがある.

B. 複面投影法

基本的には，互いに垂直な向きの 二種の投射線による 二つの直投影図を組み合わせて 立体の座標を示す方法であって，基礎的な立体図示法である.

主投影図 たとえば，図1・2で，x 軸方向の投射線で 立体をyz座標面に投影した図（**正面図** という）には，y, z 両座標が そのまま図示される.

またz軸方向の投射線で xy 座標面に投影した図（**平面図** という）には，x, y 両座標が そのまま図示される.

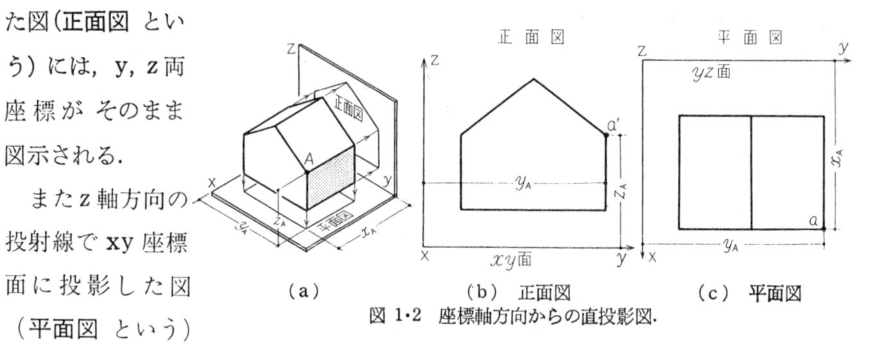

（a）　（b） 正面図　（c） 平面図

図 1・2 座標軸方向からの直投影図.

このように 主軸方向からの直投影図を 二つ組み合わせれば，x, y, z 三主座標値が 図に表わされる. これらを つぎにのべる規則に従って配列したものが **複面投影法** における **主投影図** である.

配 置 複面投影法による図は，互いに垂直な方向からの投影図を，相手の投影面の投影である直線が重なるようにして，左右をそろえて配置する.

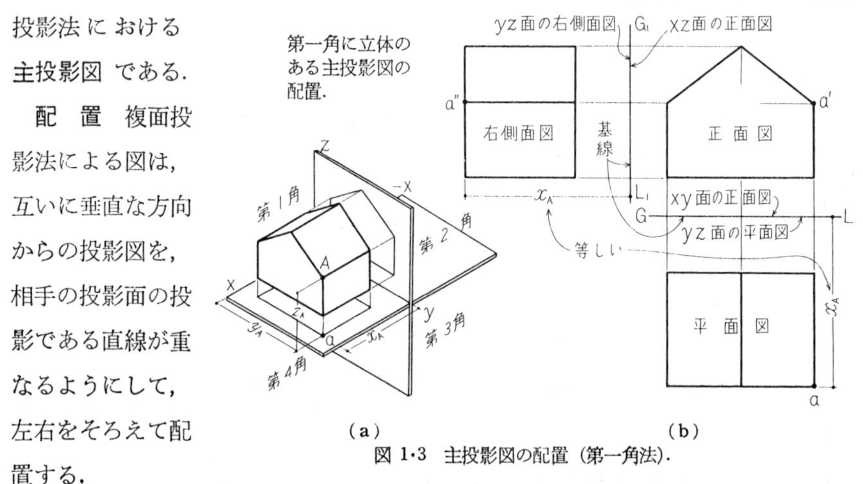

（a）　（b）

図 1・3 主投影図の配置（第一角法）.

主投影図は，ちょうど，座標面の上に 投影をかいて，そのまま 座標面を軸のところでひらいて，一平面にのばした 関係位置になる．

各図の境界にある（隣りの図の）投影面の投影である直線は，それから 投影 までの垂直距離と，それに平行に測った距離とが 二つの座標であるので，**基線** とよばれる．図1·3は，正しく配置した 主投影図の一例である．*

C．直軸測投影法

立体の主座標軸の どれとも斜めの方向（平行でもなく，垂直でもない）の投射線による 直投影図一つで 立体を表現する方法を，**直軸測投影法** という．

主座標軸は 原点の 投影 から出る 互いに 鈍角 をなす三直線として投影され，軸方向の縮率 e_x, e_y, e_z は この角度によって一定の定まる関係にある（図式関係は右の 図1·4）．

点の座標は 座標軸の方向と点の座標面への正射影の位置とを知れば 定めることができる〔図1·3(a)で点A—a〕

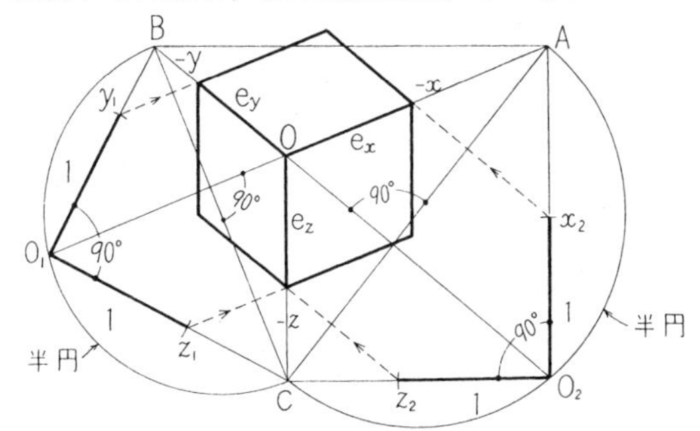

△ABC は原点Oを重心とする三角形．
△ABC は主座標面を投射線に垂直に切った切口三角形．
O は△ABC の垂心となる（通則5）．
左右の半円内の直角三角形は各面の実形．

図 1·4 直軸測投影の軸方向と縮率（1辺が1の立方体の投影）．

直軸測図 直軸測投影では， 座標軸に沿う長さは 三軸とも縮小されて投影されるが，三軸方向のうち いちばん縮小率の少ない軸を原寸でえがき，他二軸を 軸角度・縮率比はそのままに それに比例して拡大してえがいた図を **直軸測図** という．

この図は 簡単にえがくことができ，しかも 立体の実体をよく表わすので 説明図として しばしば用いられる．三軸の縮率比が 簡単な整数比である直軸測図の例を図1·5に示す．

このうち，最もよく使われるのは，三軸が120° おきになり 各軸の縮率の等しい

〔注〕* 上の原則によって配置すると，座標面と立体の相対位置によって，配置の外見（正面図・平面図・右側面図の関係位置）が変わる．図1·3は 立体が 第一角（x, z とも＋側）にあるときの配置である．今後，本書では 第一角に立体があるのを原則として取り扱う．

第二角，第三角，第四角は 図に示した四半空間である．問題によっては これらの角内にあるような点を取り扱うことになるが， 投影および配置の原則は変わらないから 図上では 隣りの図の領分にまで 侵入した形となる．

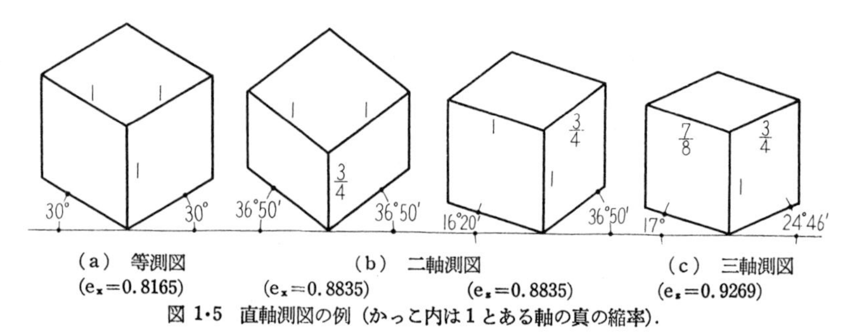

（a） 等測図 (e_x=0.8165)　（b） 二軸測図 (e_x=0.8835) (e_z=0.8835)　（c） 三軸測図 (e_z=0.9269)

図 1·5　直軸測図の例（かっこ内は 1 とある軸の真の縮率）.

（原寸の）**等測図**である.

図 1·6（a）は前の主投影図で示した立体（図 1·3）と同じ立体の等測図である.

等測図をえがくには，まず水平線と 30° をなす x, y 軸をかき，この斜交軸をもとに立体の平面図を移す．つぎに斜交軸平面図の各点の垂直上方に高さを取ればよい．座標面平行平面上の円は簡単には図 1·6（d）のように略画でえがく.

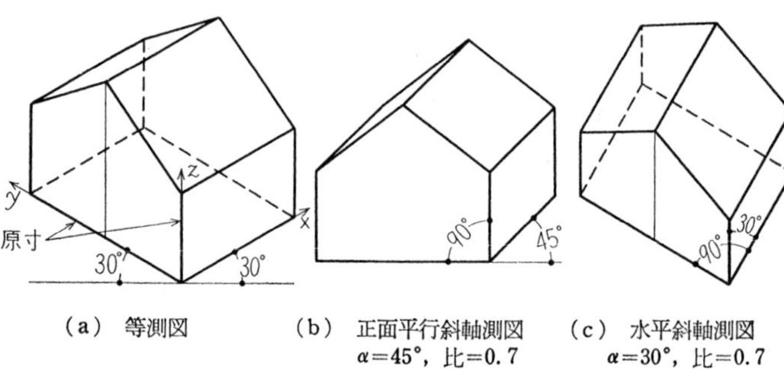

（a） 等測図　（b） 正面平行斜軸測図 $\alpha=45°$，比=0.7（正面図が実形）　（c） 水平斜軸測図 $\alpha=30°$，比=0.7（平面図が実形）

（d） 等測図座標面平行平面上の円の略画法.

図 1·6　等測図と斜軸測図の例.

D．斜軸測投影法

立体の座標軸に斜めの方向の平行投射線によって，一つの座標面の上に立体を投影したものを，**斜軸測投影図**という.

斜軸測投影図では，投影座標面に平行な平面図形の投影は実形となり，これに垂直な第三の軸方向は斜め方向に投影される.

第三の軸の方向と投影縮率との関係は，投射線と投影平面との傾きが任意なので一義的には関係がなく，事実上 任意に取ることができる．

斜軸測図 斜軸測投影法は 一つの面が実形で 第三の次元は いわば付けたし の形となるし，立体感も やや不自然であるが， 作図が簡単なので， 一面に重点があり，他の欠点は さして重要でない 説明図として使われる．

実用されている図の 第三の軸の方向 α は 一般には 他の軸に対して 30°，45°，60° など 簡単な角度のものが用いられ，縮率も 0.5～1 の間の 便利な値が用いられる．これらは **斜軸測図** または **斜形図** とよばれる．

図1･6(b)，(c)は 前と同じ立体の 斜軸測図である〔$\alpha=45°$，縮比＝0.7($1/\sqrt{2}$)：$\alpha'=30°$，縮比＝0.7〕．

斜軸測図は 初めに実形を表わす面の形をえがき（高さ次元が鉛直になるように）奥行き または 高さを，定めた角度，縮率で付けたす．

1・3 投影図を使った立体の解析

A．投影図の性質

投影図を使って，立体の幾何学的な性質を 研究するためには， まず， 投影と原図形との関係を 知る必要がある．

投影図の幾何学的性質は，平行投影法では，つぎのようである．

（1） 直線の投影は 直線である．直線上の点の投影は 直線の投影上にある．

（2） 平行直線の投影は やはり平行直線であり，長さの比は変わらない．

（3） 線分の 内・外分比は 投影によって変わらない．

（4） 平面図形の投影は 原図形と射影幾何学的に同値である．たとえば
三角形──→三角形，だ(楕)円──→だ円，放物線──→放物線と投影される．

（5） 線分の長さ，平面角は 一般には 投影によって変化する．

（6） ただし，投影面に平行な平面図形の投影は 原図形に合同である．

B．複面投影図とその応用

立体の解析は， 前述のどの方法による投影でも 可能であるが， えがきやすいと，座標面の実形(座標の原寸)が 主投影図に表わされていて，われわれの知っている 平面幾何学の知識が応用しやすいこと， 後にのべる操作によって， 種種の幾何学的条件を 比較的簡単にわかりやすい形で 取り扱うことができることなどから，

立体の基本的表現には もっぱら複面投影図が使われる.

主投影図による表現　複面投影法で 立体を表現するには，主投影図が基本となる．主投影図（にかぎらず すべての投影図）は 投射線方向から **見た** ようにえがき，裏側に入る線は **見えない線** として 破線でえがく．

直線は，その一部の線分の投影で代表させる．直線ABなどというときは，投影が有限でも，無限長さとする．有限であることを明示するときは 線分……という表現を用いる(図1·7).

ABのように 正面図が基線に平行， 平面図が実長である直線を **水平直線** という．CDは **正面平行直線**，EFは **鉛直直線**，GH は **正面垂直直線** とよばれる.

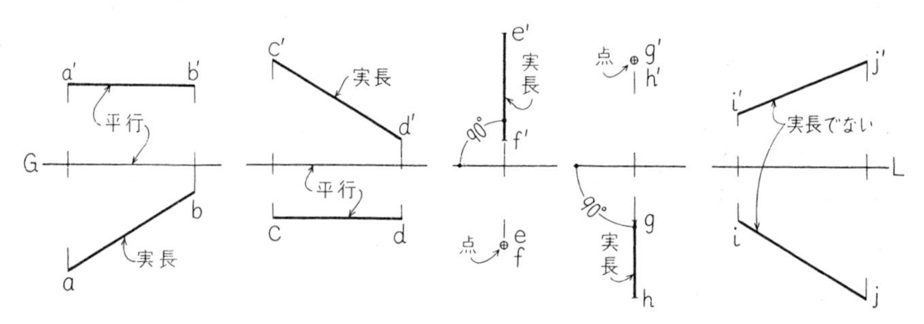

（a）水平直線　（b）正面平行直線　（c）鉛直直線　（d）正面垂直直線　（e）斜め直線

図 1·7　直線の主投影図の例.

平面は，一般に 無限広さであると考えるので，縁がなく 投影が定まらないので，つぎの方法で示す（図1·8).

（1） 平面上の図形の投影で表現する法.

（i） 三角形

（ii） 平行辺四辺形（たとえば 水平，正面平行辺にかこまれた 平行四辺形）

（2） 平面と定平面の交線（跡線という）で表現する法.

（i） 平面図投影面との交わり――水平跡線，正面図投影面との交わり――正面跡線 で表現する法.

（ii） 立体の底平面などとの交わり（跡線）で表わす法.

面上の点　平面上に含まれる点の投影と 上記の平面表示線との関係は，図 1·9（a）に示すように，平面に含まれる直線を 点を通るように引いて，これと 平面

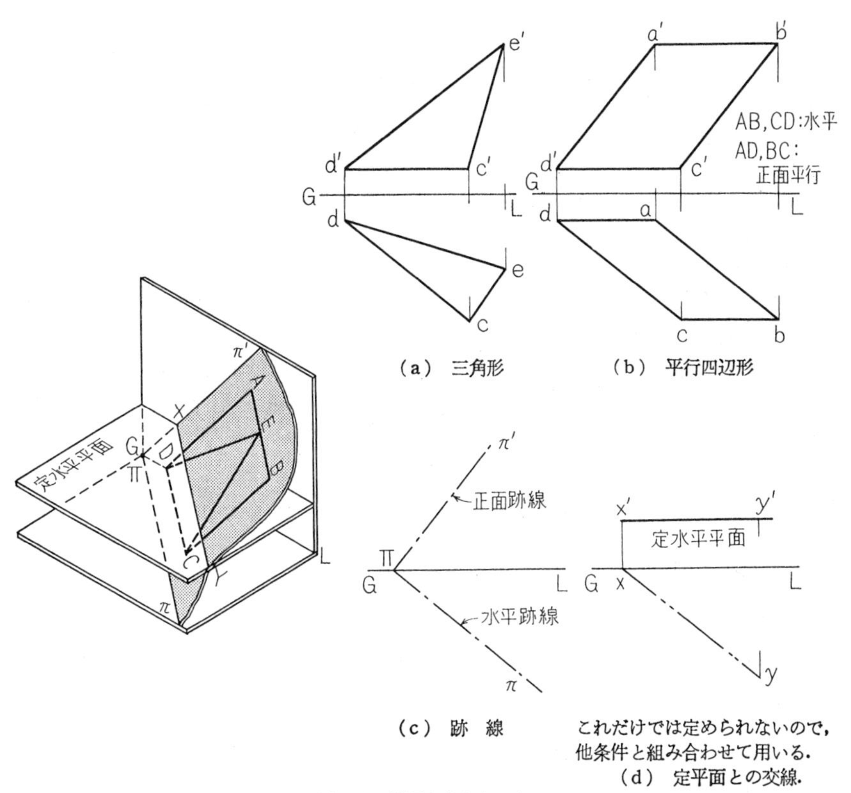

(a) 三角形　　(b) 平行四辺形

(c) 跡　線　　これだけでは定められないので，他条件と組み合わせて用いる.
(d) 定平面との交線.

図 1·8 平面の表わしかた.

表示線の交点から定める．この作図直線は 一般には 水平 または 正面平行に引く.

直立直円すい(錐)面〔図 1·9(b)〕の上の点の投影の対応は，図のようにその点を通る 直線エレメントを 頂点と底円上の点から作って，定める.

球面は どの投影図でも 同じ大きさの円となる〔図 1·9(c)〕.

球面上の点の投影の対応は，その点を通る 水平（または 正面平行）な 小円エレメント（主投影図で 直線と実形）の対応から定める.

C. 複面投影法による解析の原則

このように，主投影図だけで 解決できる問題は，主投影図で 幾何学的性質の変わっていない 条件(線の対応・共点条件・平行・線分の定比分割など)のもの，お

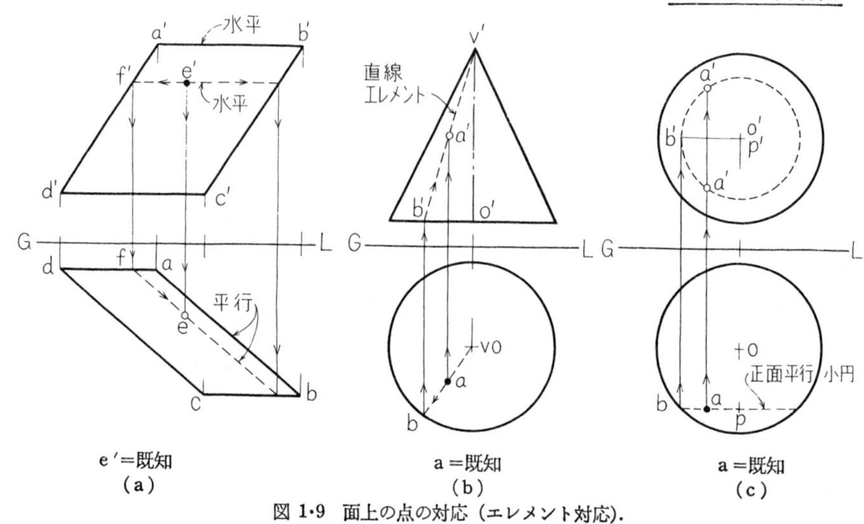

図 1·9　面上の点の対応（エレメント対応）.

よび 主投影図に実形の現われている 平面図形に関するものである.

主投影図だけでは解決することのできない 斜め向きの平面図形の　幾何学的解析を進めるには，その面の実形を　主投影図から作図によって導くことを 考えなければならない.

複面投影法の原則の中での作図で平面図形の実形を表わすには

（1） 問題の平面図形に平行な投影面を作り，それへの投影を作ること.

（2） 問題の平面図形を 既知の投影面に平行になるまで回転して 実形投影を作ること.

の二つが可能である. これを **実形視の原則** とする.

複雑な，三次元的な拡がりをもつ面を 対象とするときには，この面を 平面で切って，問題を切口の上に限定して考え，二次元の問題に還元して解く方法が一般的である. これを **平面化の原則** とする.

以下 本書では，始めに 二次元図形に対する 実形視の原則による 基本作図法をのべ，その後に 三次元の問題の処理の方法を平面化の原則を基に 考えて行くことにする.

2. 副 投 影 法

2・1 副投影図

A. 副立面図・副平面図——一次副投影図

複面投影法は，互いに垂直な向きの投射線による 直投影図を，隣り同志に 配置するものである．

したがって，z 軸（鉛直）方向から xy 面（水平平面）の上に投影した 平面図の隣りには，x 軸方向からの投影図（正面図），y 軸方向からの投影図（右側面図）のほかにも，水平方向の投射線による，無数の図が 配置され得ることになる（図 2・1）．

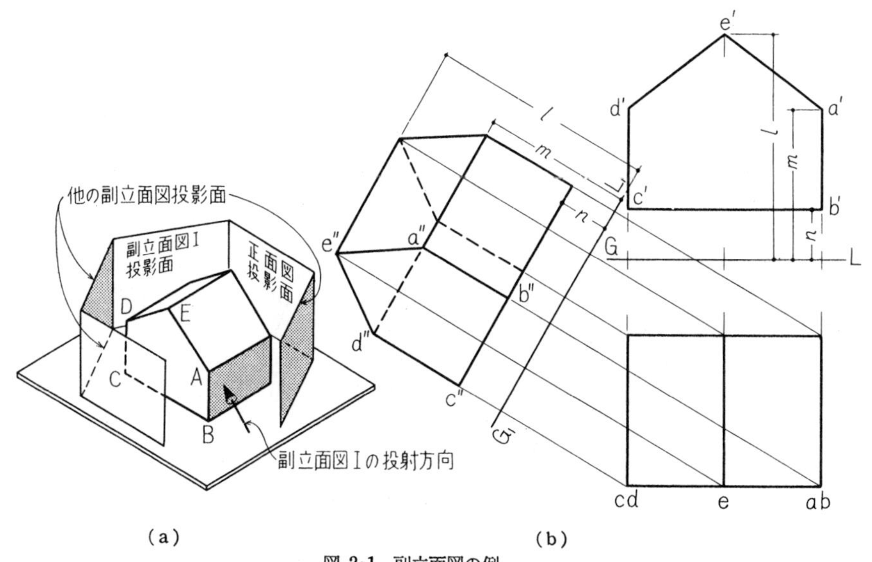

図 2・1　副立面図の例．

このような，主軸以外の方向からの投影を **副投影図** とよぶ．上記の水平方向からの投影図（投影面は鉛直平面）は **副立面図** とよばれる．

また，正面図の隣りに配置される正面平行投射線による副投影図は **副平面図** とよばれる．このように主投影図の隣りに配置される副投影図を一般に **一次副投影図** とよぶ．

配　置　副投影図は，隣りの図（もとの図）での新設投影面の位置を新しい基線——副基線——として，主投影と同じ原則で配置する．

図2・1にあるように，I方向から投影面Iに投影した副立面図は，平面図での投影面Iの位置 G_1L_1 を副基線としそれに垂直な方向に配置される．これはちょうど面Iの上に投影をえがいて，投影の方向に面Iを押し倒した関係になる．

副立面図の副基線に垂直な方向には z 軸（高さ）の座標の実長が表わされる．したがって，ある点の投影から副基線までの垂直距離は，正面図での点の投影から主基線までの距離に等しい．一般に

通則 1. 基線に垂直方向の距離　一つの図に隣接する図がいくつかあるとき，それぞれの図で対応する二点の投影の基線に垂直な向きの距離は相等しい．

四角すいの一次副投影図　図2・2に示した直正四角すい（錐）V—ABCD の，G_1L_1 を副基線とする副立面図，G_2L_2 を副基線とする副平面図をえがくには，上の

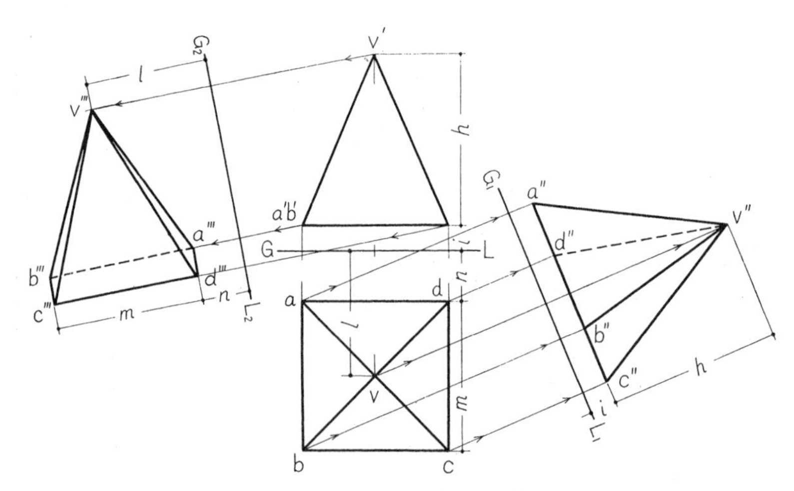

図 2・2　直正四角すいの一次副投影図．

通則 1. の関係，すなわち，正面図と副立面図，平面図と副平面図で 基線から投影までの距離の等しいことを適用すればよい．

B．高次副投影図

副投影図は 主投影図の隣りばかりでなく，既設の副投影図の隣りにも 作ることができる．

原則は まったく同様で， 主・副にこだわらず， 一図に隣接する図の中では（同じ点の投影の） 基線からの距離が等しいという関係を， 機械的に 繰り返し適用すればよい．

図 2・3 は，副基線を 逐次与えたときの 高次副投影図の例である．このとき，各投影図での りょう（稜）の見えるかどうかの判定は，つぎの原則による．

通則 2. 見える線の判定

（1） 隣図で 基線に最も遠い点の投影は，見える．

（2） 隣図で 基線に近い点の投影は，見えない側にある．

（3） 立体の輪郭となる線は，必ず見える．

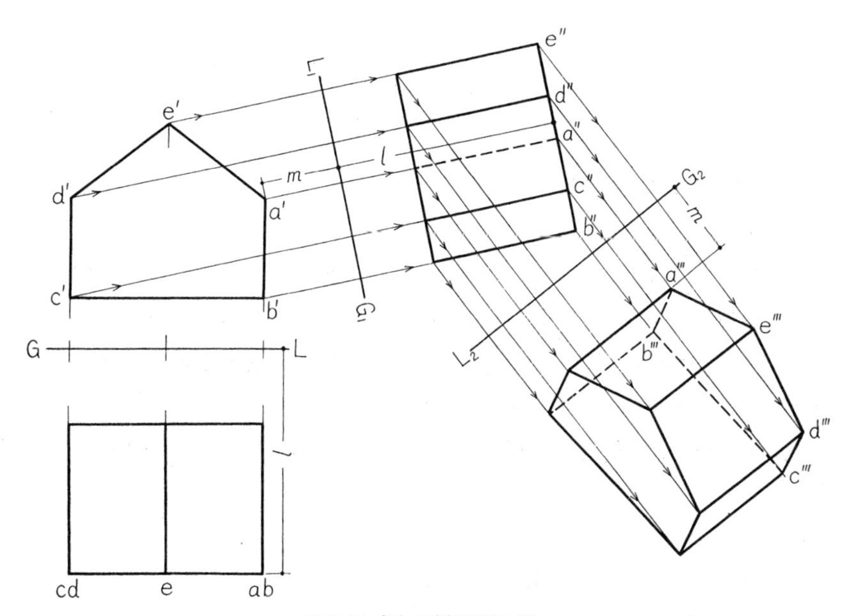

図 2・3 高次の副投影図の例．

(4) 隣図で 基線からほぼ等しい距離にあって 判定しにくい線は，投影の交わりを 隣図に対応させ， 対応線との交わりが遠い方の線が見える（図2·4 の平面図 a b と c d，見えるのは a b）.

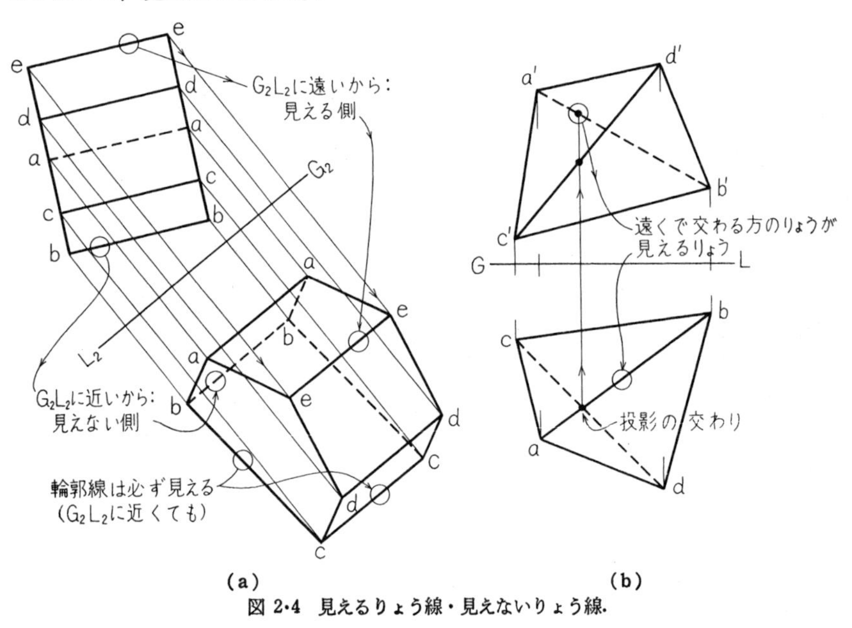

図 2·4 見えるりょう線・見えないりょう線.

2・2 直線実長視副投影図

A. 直線の実長を表わす図

投影面に平行な直線の投影は 実長である. すなわち，隣りの図で 直線の投影が基線（＝投影面）に平行であれば， 直線の投影は 原直線と等長である（図2·5）.

この関係を 逆に使って，直線の一つの投影に平行な副基線を取って 直線の副投影図を作れば，その図は 直線の実長となる. すなわち

通則 3. 直線実長図 直線の実長は，その一つの投影に平行に基線を取った 副投影図に表わされる.

B. 傾　　角

直線と投影面のなす角を 傾角 という.

傾角は，直線の 投影面に対する正射影と 原直線のなす角である. したがって,

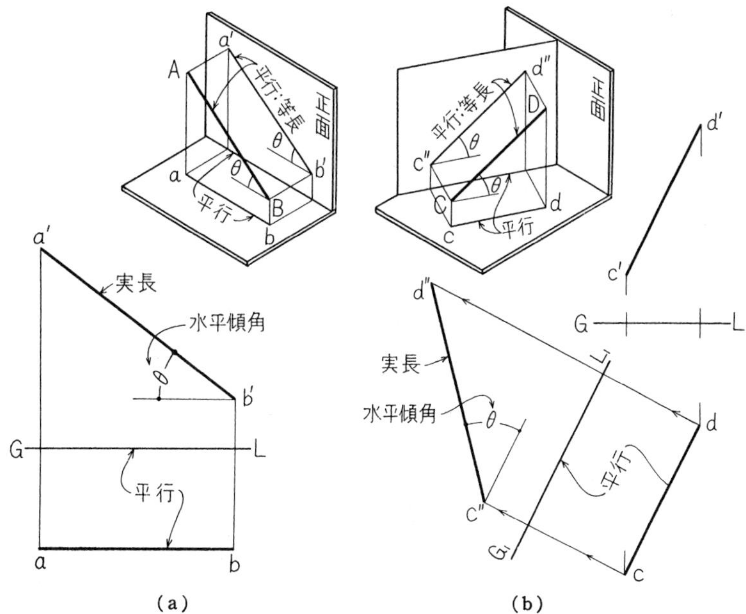

(a)　　　　　　(b)

図 2・5　直線の実長を表わす投影図.

直線の 実長視投影図(実長視図)が基線となす角は 傾角 となる.

実長視図が 副立面図ならば 水平傾角が, 副平面図ならば 正面傾角が 図に表わされる (図2・5).

直線の傾角, 実長の作図例　線分ABの水平傾角θをもとめ, AからB方向に 距離lの点Cを定める (図2・6).

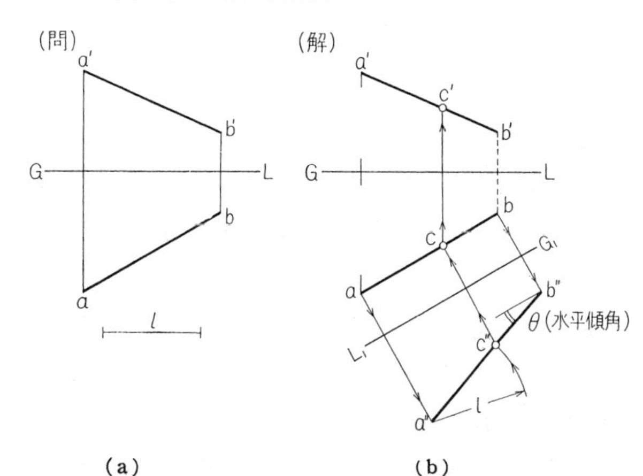

(a)　　　　　　(b)

図 2・6　ABの水平傾角をもとめ, AからB方向に距離lの点Cを定める.

解は, ａｂ に平行な副基線 G_1L_1 によって ABの実長副立面図を作るとが θ もとまる.

つぎに a″ から l の長さの点 c″ を取り，これを 主投影図にもどす．

2・3　直線点視副投影図

A．直線を点にみる図

直線を それに平行な方向から投射すれば 投影は点になる．

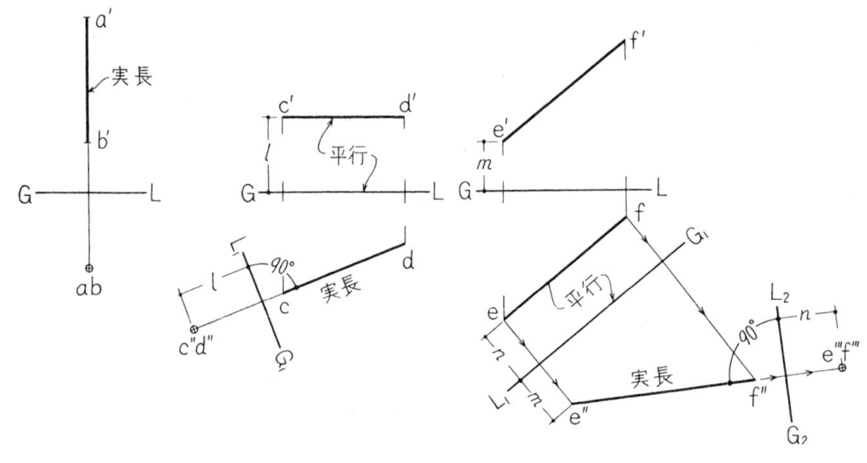

（a） 鉛直直線　　（b） 水平直線　　（c） 斜め直線

図 2・7　直線を点にみる図．

直線を点として表わす図の 隣りの図では，直線の投影は （点視図の投射線方向だから） 基線に垂直で 実長である （図 2・7）．

逆に，直線の実長図に垂直に副基線を取って 副投影図を作れば，その図で 直線の投影は 点となる．すなわち

通則 4．直線点視図　直線の実長図に垂直な基線による副投影図では，直線は点として投影される．

B．互いに垂直な直線

図 2・8 は 半径方向の腕をもつ車と 車軸の図である．

車の腕と 車軸とは どれも直角である． いま，腕と車軸との投影を それぞれの図で見比べると，平面図では 軸は実長で どの腕も （車に重なって） 軸に垂直に投影されている．

また，副立面図では，a″b″ が実長で （平面図で点だから） 軸 （実長でない） に

垂直に投影されている．このことからつぎのことがいえる．

通則 5. 直交二直線 互いに垂直な方向の 二直線の投影は，少なくとも 一方の投影が実長であれば，直角である．

点から直線への垂線

図2•9（a）で，点Pを中心として 直線ABに接する球を 作ることを考えてみよう．

解の球の 半径は PからABに下した垂線（PQ）の実長で，接点は その足Qである．

ABの実長図，点視図を作り，Pの投影もそこに取る〔図2•9（b）〕．

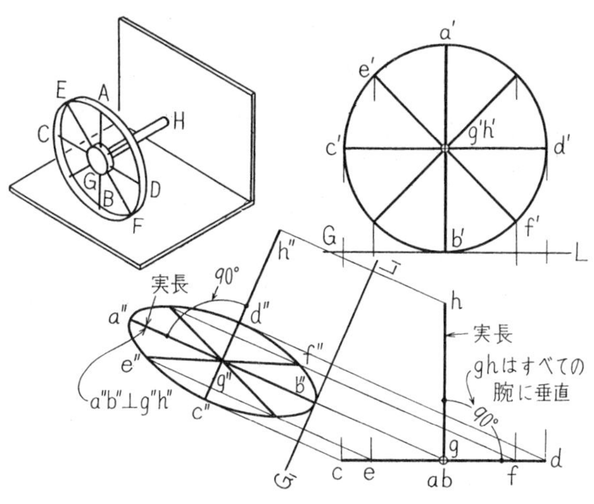

図 2•8 車の腕と軸の投影の関係——直交直線．

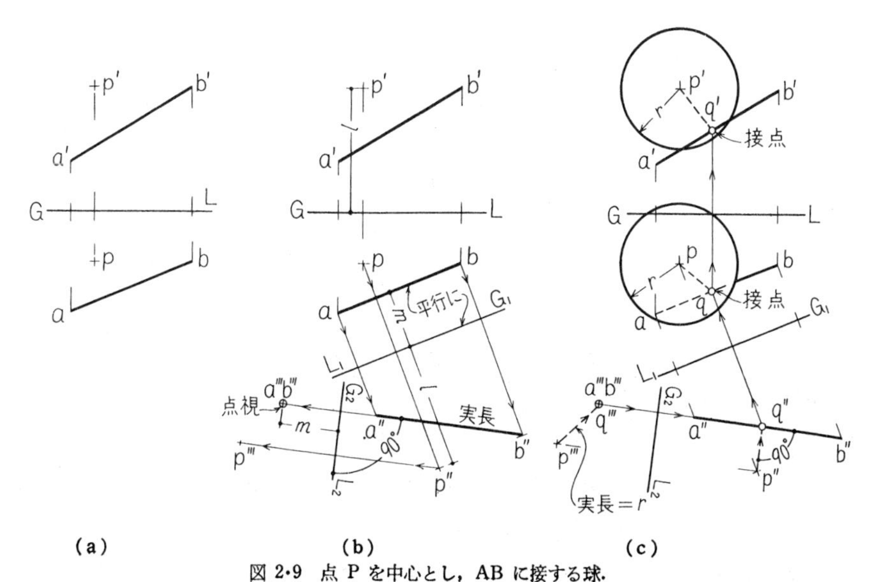

図 2•9 点 P を中心とし，AB に接する球．

垂線PQは 実長図で a″b″ に垂直，点視図で実長である（p‴q‴=r） p−p′ を中心に 半径 r で円をえがけば解である〔図2·9(c)〕.

C. ねじれ二直線を結ぶ直線

一平面上にない，ねじれの位置にある 二直線を結ぶ，ある条件の 直線をもとめる問題は， ねじれ二直線の 一方を点視すれば 解決できることが多い． たとえば 図2·10〜2·12 のような ねじれ二直線 AB，CD を結ぶ.

(1) 点Pを通る直線，QR.

(2) 与えた直線EFに平行な直線，GH.

(3) 最短距離線，XY.

は，いずれも 一方の直線を点視する方法で もとめることができる.

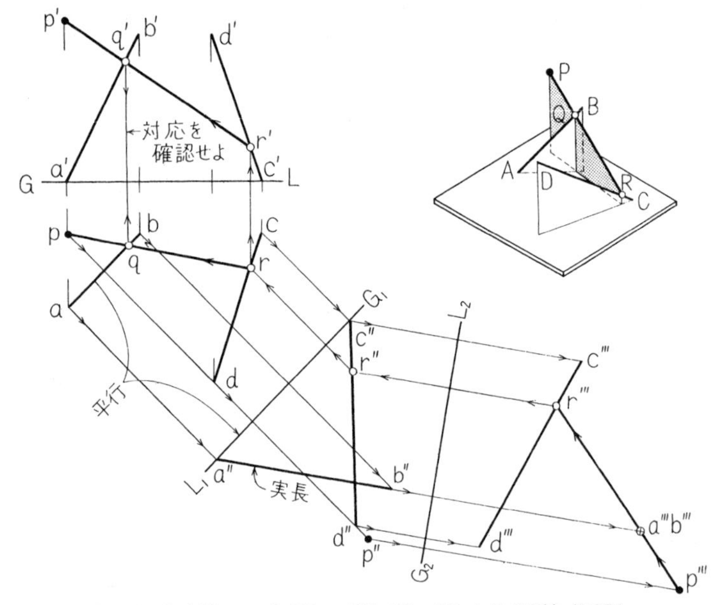

図 2·10 P を通って，ねじれ二直線 AB，CD を結ぶ直線 (PQR).

解は つぎのとおり.

ここでは 直線ABを点視する図を作る（図 2·10〜2·12）.

(1) 点Pを通って AB，CD を結ぶ直線は，AB の点視図で a‴ と p‴ とを結び c‴d‴ と r‴ で交わる直線である.

点Rの投影を CDの投影の上にもどして行って， rp—r′p′ と ab—a′b′ との交点 q—q′ を定めれば 解である (図2・10).

(2) 直線EFに平行に AB, CD を結ぶ直線は, AB の点視図で a‴ から e″f″ に平行に c‴d‴ 上 h‴ に至る直線である.

点Hの投影を CDの投影の上にもどして行って

hg//ef, h′g′//e′f′

に ab上に g, a′b′ 上に g′ を定めれば 解である (図 2・11).

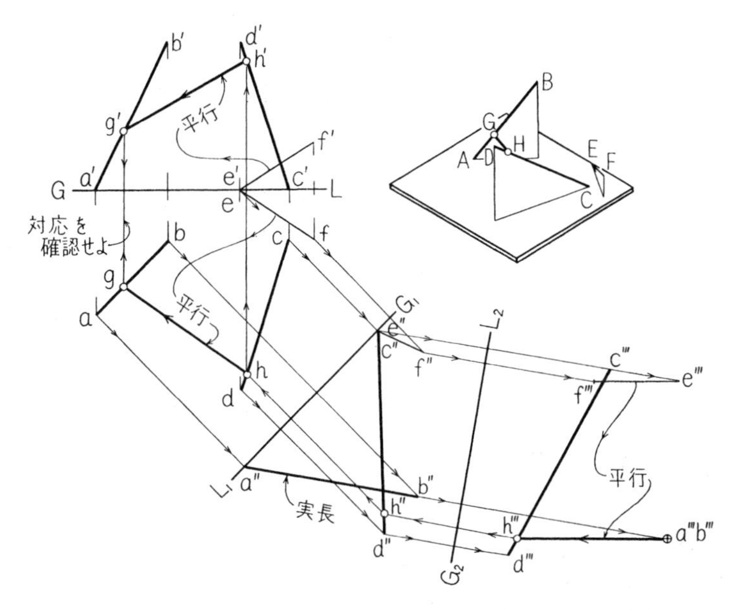

図 2・11 EFに平行に, ねじれ二直線 AB, CD を結ぶ直線 (GH) 〔AB 点視図〕.

(3) AB, CD間の最短距離線は 双方の共通垂線である.

共通垂線XYは, ABの点視図では 実長で c‴d‴ に垂直となる. すなわち, 点視図 a‴ から c‴d‴ に下した垂線の足が y‴ である.

ABの実長図では XYの投影は a″b″に垂直となるから, ここで x″ を定めることができる. これらをもどした xy—x′y′ が解である (図2・12).

D. 与えた方向からの投影図

立体を 与えた方向から投射した図は, 与えた方向を表わす直線を 点にみる副投影図である.

ねじれ二直線を結ぶ，与方向の直線　前題の(2)のねじれ二直線ＡＢ，ＣＤをＥＦに平行な向きに結ぶ直線は，ＥＦ方向から投射した図では，点となって——すなわち，ＡB，CD の両投影の交点として投影されるから，それを主投影図にもどせば解である（図 2・13）．

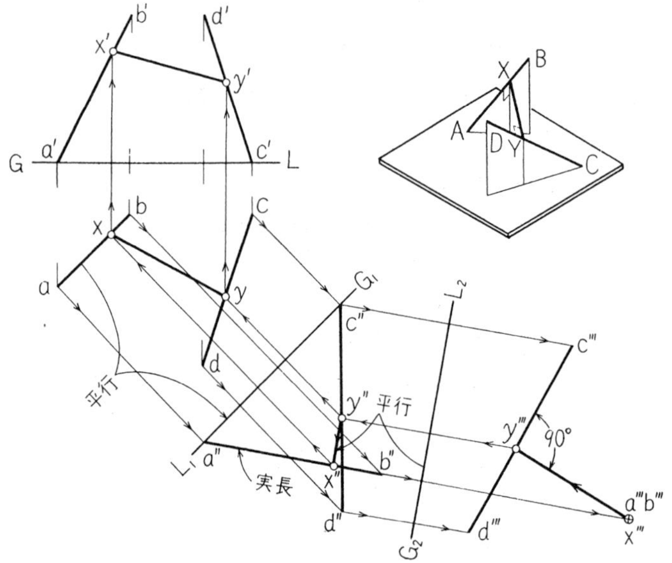

図 2・12　ねじれ二直線 AB，CD を結ぶ最短距離線（XY）．

軸が斜めの立体　形がわかっている立体の軸が斜めになったときの投影は，軸を点にみる図を作って，立体をえがき，それを逆に主投影図にもどせば，簡単にかくことができる．

図 2・14 は，ＡＢを軸端とし，底の一辺の

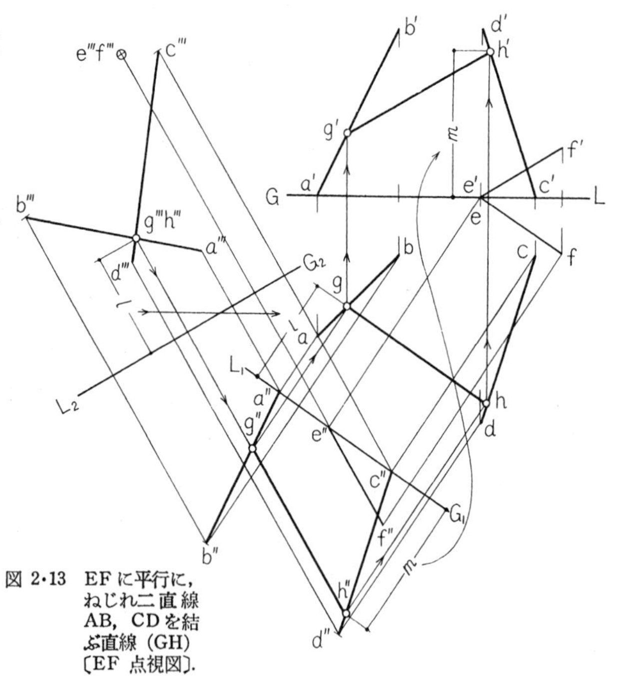

図 2・13　EF に平行に，ねじれ二直線 AB，CD を結ぶ直線（GH）〔EF 点視図〕．

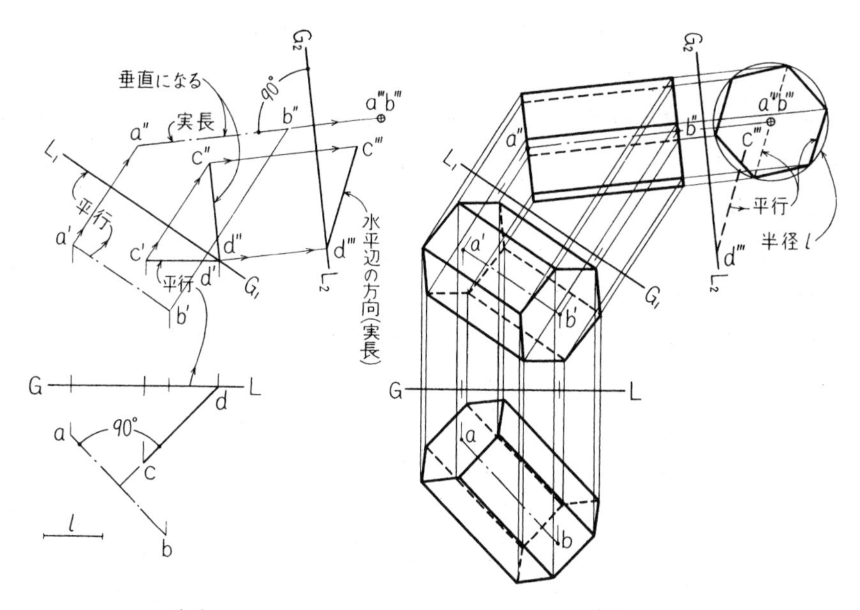

図 2·14 与線分 AB を軸とする直正六角柱体（底辺の長さ l で，一底辺は水平）.

長さが l で 水平である 直正六角柱の投影を作る 作図である.

始めに，立体をかく余裕を 図の上に取りながら，ABの実長図，点視図を作る.

ABの実長・点視図に 与えられた条件の 直立六角柱をえがく.

底の一辺が水平である条件は，ABに垂直で しかも水平な 任意の直線CDの投影（cd⊥ab，c′d′//基線）を，ABの点視図まで移せば，底の一辺は c‴d‴ に平行という条件になる. これで底の正六角形をえがく.

軸AB実長図では，底は a″b″(実長) に垂直な 一直線として 投影されるから a″，b″ における垂線上に 底の各頂点の対応をとる.

これらを 主投影図にもどせば 解である.

2・4 平面直線視副投影図

A. 平面を一直線として投影する図

平面を，平面に平行な方向から 投射すれば，投影は一直線となる. このような図では，平面と 他の直線・立体などとの交わりを 簡単に定めることができる.

平面に平行な方向から投射する ということは，平面上にある その方向の直線を点視することであるから，つぎのように いうことができる．

通則 6. 平面直線視図 平面上の 任意の直線を点視する図では，その平面は 一直線として投影される．

B．平面と直線

交　点 平面と直線の交点は， 平面の直線視図と 直線の投影との交点を， 直線の投影上に 順次もどして行って 定めることができる．

図2•15 で， 平面ABCDと 直線EFとの交点をもとめる作図を 考えてみよう．

平面の直線視図は，一般には 平面上の水平直線（または 正面平行直線）を 点視する方法で作る（水平直線は 平面図が実長図なので，一回の副投影作図で点視することができるため）．

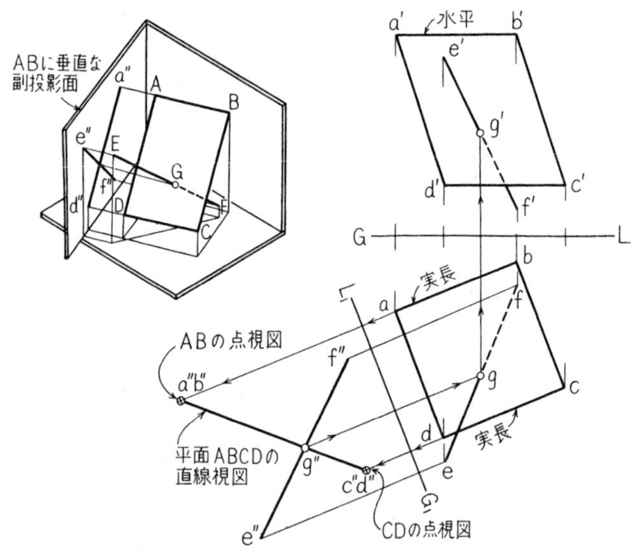

図 2•15 平面 ABCD と直線 EF の交点 G.

平面の直線視図 a″b″c″d″ と 直線の投影 e″f″ との交わり g″ を，主投影図にもどせば 解である（直線の投影上にもどす）．

直線が， 平面の後にかくれて 見えない部分は， 図のように 隣りの図で 基線に近い部分である．

平　行 平面と直線とが平行であれば，交点は存在しない．すなわち，平面の直線視図と 直線の投影とは 平行である〔図 2•16(a)〕．

また， 平面上の 直線の一つが 与直線に平行であれば， 平面と 直線は 平行となる．この逆に，与直線に平行な平面を作るには，与直線に平行な直線を含むように定めればよい〔図2·16(b)は，直線ABを含んで CDに平行な平面〕．

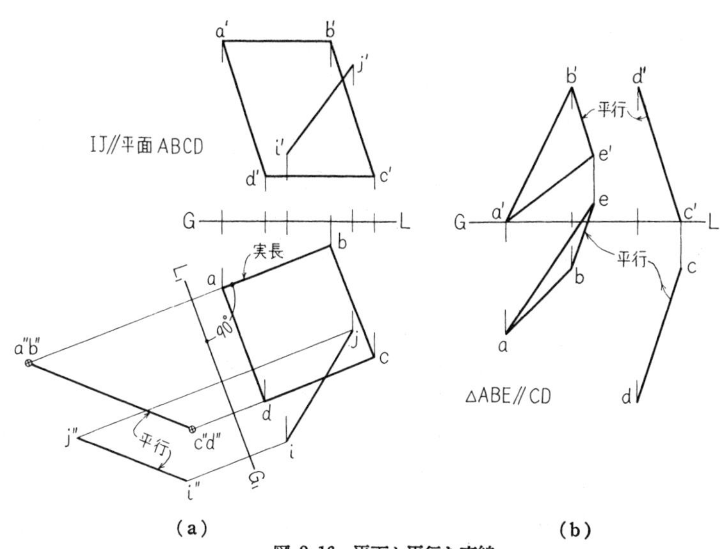

(a)　　(b)

図 2·16　平面と平行な直線.

垂　線　直線と平面とが垂直であるというのは，平面上のどの直線とも垂直であることである．したがって，平面への垂線は平面の直線視図に垂直となり，そのとき実長である．

また，垂線の平面図は平面上の水平直線（実長）に垂直となり，正面図は平面上の正面平行直線（実長）に垂直に投影される（図2·17，通則 5）．

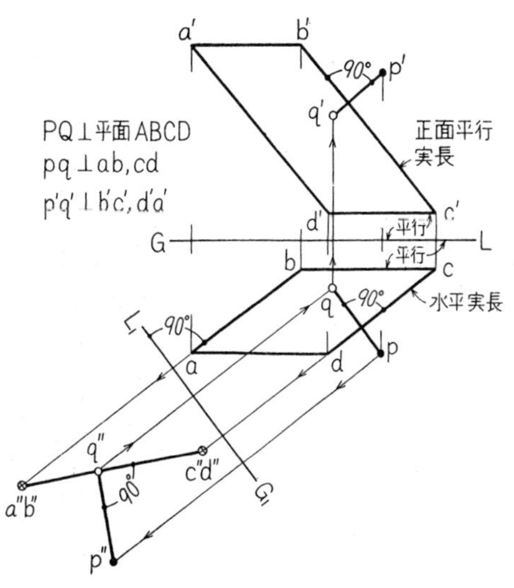

図 2·17　平面への垂線.

C．平面と立体面との交線

平面と立体面との交線は，平面を直線視する図を作って，立体面のエレメント（辺・りょう・曲面の直線エレメントなど）との交点を定めればたやすくえがくことができる.

二つの三角形の交線　始めに 二つの平面の交線を もとめてみよう.

図2·18 の, 三角形ＡＢＣと 三角形ＤＥＦの交線は, その一方ＤＥＦを直線視する図を作れば, 他方の辺ＡＢ, ＢＣが これを貫く点G, Hを 結んだ直線として定められる. このうち交線は, 双方に共通なＧＩの部分である.

両三角形の重なりは, 隣図で基線から 遠い点は 見える, という原則によって図のように定める.

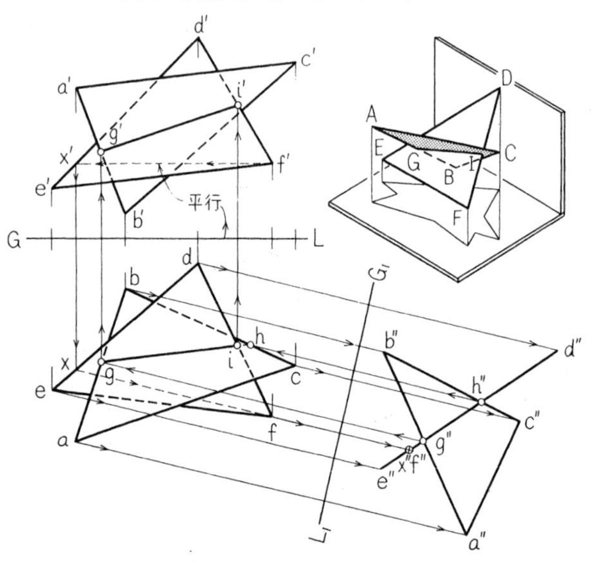

図 2·18　三角形 ABC, DEF の交線 GI.

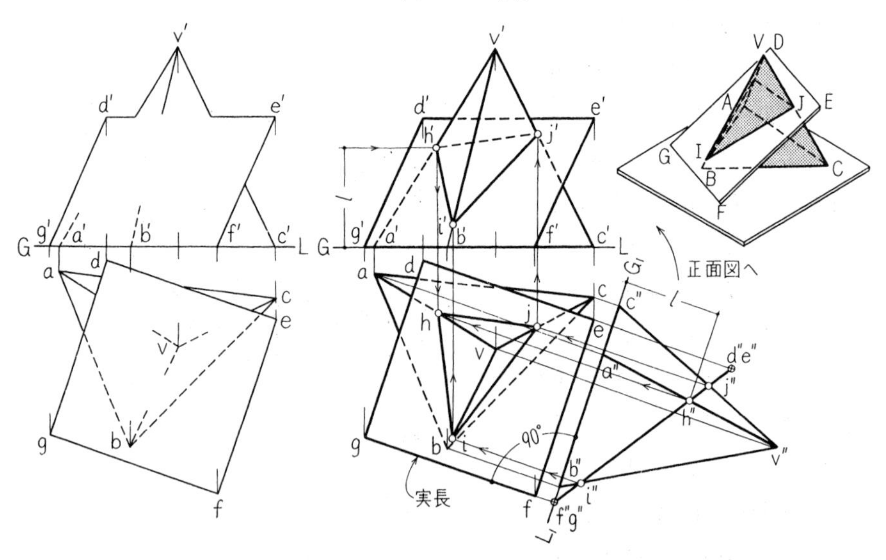

(a) 問　　　　(b) 解

図 2·19　三角すい V−ABC と平面 DEFG との交線.

角すいとの交線 図2・19 に，三角すい(錐)V—ABCと 平面 DEFG との交線を示す．交線は，平面直線視副投影図を作り，そこで 平面と 角すいのりょう(稜)との交点を定め，それらを 順に結んだものである．

交線は，見える面にあるときは 実線 (輪郭線と同じ太さ) で，裏側の見えない面にあるときは 破線 (やや細目に) でえがく．

円柱との交線 図2・20 に示すように， 円柱と平面の交線も，平面直線視副投影図で 円柱の直線エレメント (底円12等分，外形エレメント) と平面の交点を定めれば，それらを結んで 作ることが できる．

このとき，円柱の 平面図，正面図の外形エレメントの切口は，切口曲線 (ここでは だ円) の 外形線への接点であり，同時に 見える限界点 (実線と破線の境界点) であるので， 必ず 作図してもとめなければならない．

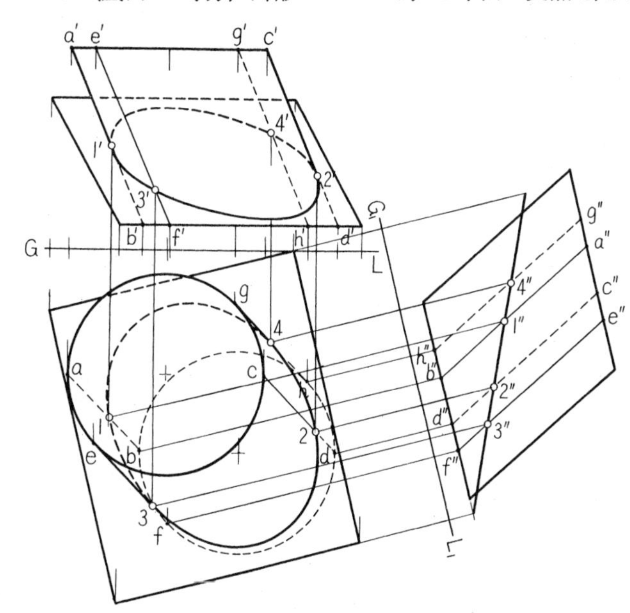

AB，CD は正面図外形エレメント．
EF，GH は平面図外形エレメント．
等分エレメントの作図は省略．
図 2・20 斜円柱と平面の交線 (だ円となる)．

D．二平面同時直線視副投影図

二平面の交線を 点にみる図を作れば， 二平面は 両方とも 直線視図となる． この間の角を **平面の交角** という．

平面の傾角 平面と 投影面との間の角を 傾角という． たとえば 平面図 投影面との間の角 水平傾角は， 平面上の 水平直線を点視する 平面直線視 副立面図に表わされる (図2・21)．

二平面から等距離の点——二平面に接する球 二平面から等しい距離にある点は，二平面の交角を二等分する平面の上にある．

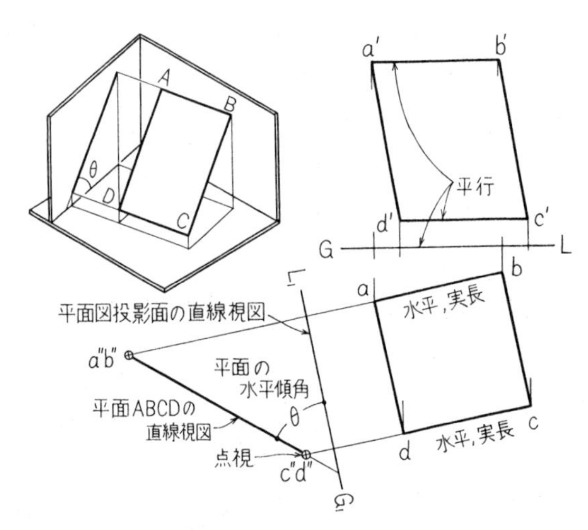

図 2・21 平面の傾角．

いま，図2・22 の直線AB上に中心を持ち，CDE, CDF の両平面に接する球を作ることを考えてみよう．

もとめる球の中心は，二平面の交線CDを点にみる副投影図で，二平面のなす角を二等分する平面（投影では角の二等分線）と AB との交点Oとして定められる．

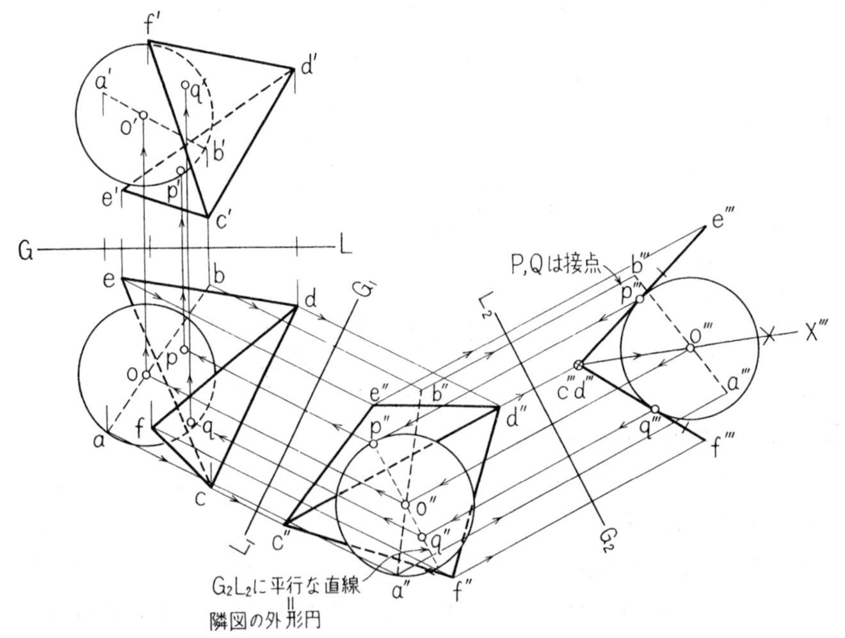

図 2・22 直線 AB 上に中心を持ち，二平面 CDE, CDF に接する球．

点Oの投影を 直線ABの投影の上にもどし， これらを中心に 半径r（o‴から c‴e‴，c‴f‴ までの距離）の円をえがけば これが 球の投影である．接点はP，Qである．

2・5 平面実形視副投影図

A．平面の実形を表わす図

投影面に平行な平面の投影は 実形である． このとき，隣図は必ず直線視図で基線に平行である．すなわち（図2・23）

通則 7．平面実形視図 平面直線視図に平行な（副）基線による投影図は 平面の 実形視図 である．

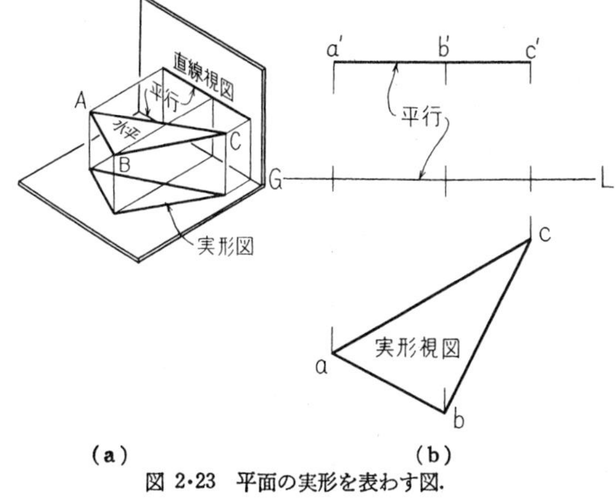

（a）　（b）
図 2・23 平面の実形を表わす図．

B．平面角の実角

平面の実形視図では，平

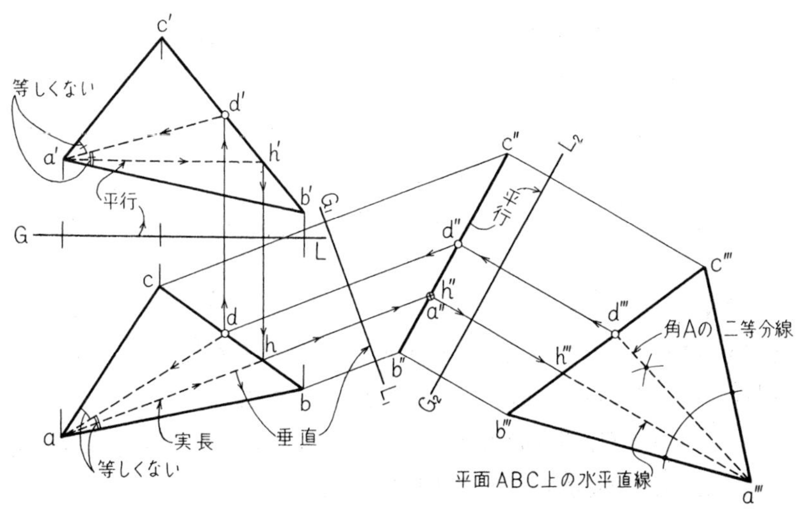

図 2・24 角Aの二等分線.

面上の角も 実角がそのまま投影に表わされる．逆に，角度を条件とする問題では，実形視図を作ることが定石的手法である．

角の二等分線 図2•24 に，三角形 ABC の実形をもとめる 作図を示す．

角Aの二等分線 AD は 実形視図で作図し 点Dを BC の投影上にもどして 定めることができる．このとき，ad，a′d′ は ともに 角a，角a′ の 二等分線でないことに 注意せよ．

与点を通り与直線と与角で交わる直線 図2•25 の，点Pを通り 直線 AB と 60° で交わる直線を作る．解は，平面 PAB の実形視図を作り，そこで p‴ から a‴b‴ に 60° の直線を引き，交点 c‴d‴ を それぞれ AB の投影上にもどし，P の投影と結んだものである．

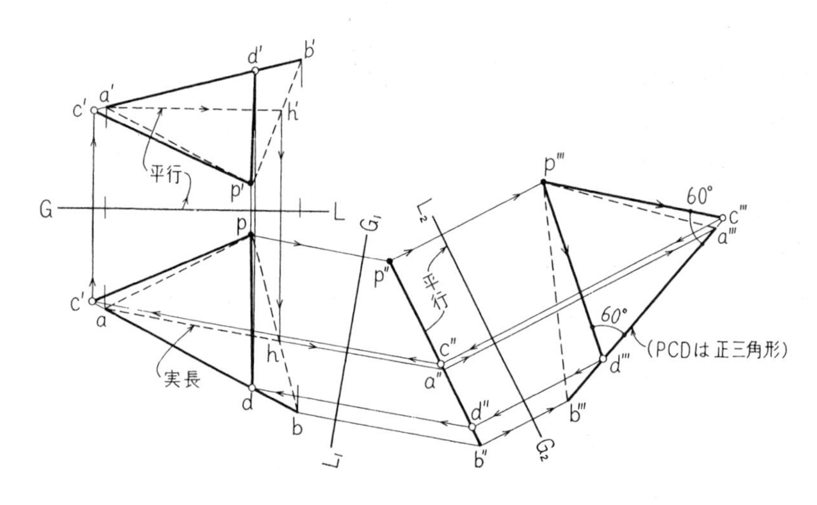

図 2•25 点Pを通り，AB と 60° で交わる直線 (PC，PD)．

C．平面上にかかれた図形

平面上の正方形 図2•26 の，平面 ABCD の上に， Bを右上の一頂点とし 一辺が AD に垂直で 長さ l の 正方形をえがくことを考える．

解は，平面 ABCD の実形視図を作り，ここで 与えられた条件の正方形をかき，定めた三頂点を，直線視図──→主投影図ともどす．

このとき どの図でも 正方形の投影は 平行四辺形であることに注意せよ．

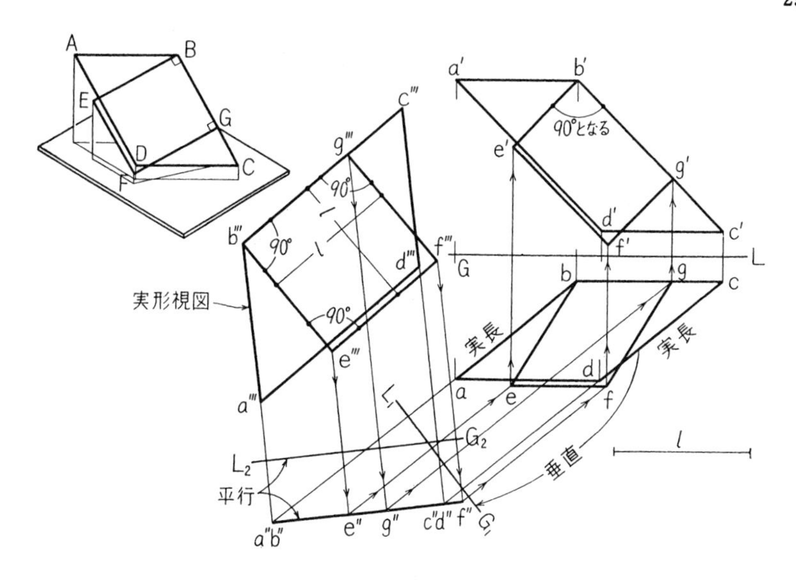

図 2·26 平面 ABCD 上に正方形 BEFG をえがく．

円の投影 斜め平面の上の円の投影は 一般には だ(楕)円である．この だ円の長軸は 円の一直径の実長投影で，（したがって）隣図では 基線に平行な だ円直径である．

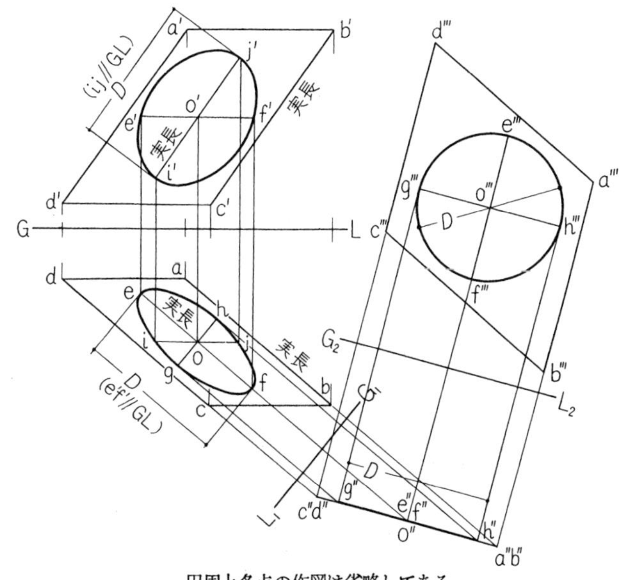

円周上各点の作図は省略してある．
図 2·27 円の投影．

図 2·27 の，直線視図，実形視図との関連からわかるように，だ円短軸の長さは 長軸を点にみる 直線視図から定められる．

また，付録3 −(1)(i)bの方法で 投影だ円の短軸の長さを 求めることもできる．

3. 回　転　法

3・1　回転の軌跡

A. 点の回転軌跡

ある軸のまわりに 点を回転した軌跡は 軸に垂直な円である（図3・1）. 点の回転を 作図の手段として用いるときには，軸点視図での 軌跡円実形と，軸実長図での 軌跡円直線視図（軸実長に垂直）から回転位置を定める. すなわち

通則 8. 回転軌跡　点の回転軌跡は軸点視図で実形円，軸実長図で 軸に垂直な方向となる. 手段としての回転軸は これらの投影の作りやすいものを選ぶ.

与直線を軸とする点の回転　図3・2 で，ABを軸として 点Pを 回転し，平面図投影面上にきたときの位置を もとめてみよう.

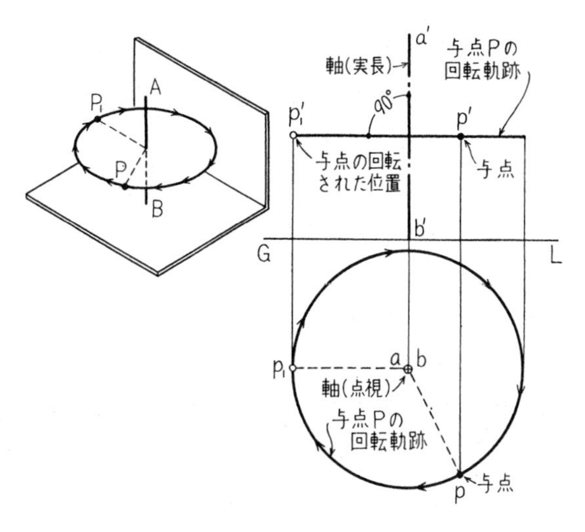

図 3・1　鉛直軸 AB のまわりの点 P の回転軌跡.

この位置は ABの実長視副立面図で，p″から a″b″に下した垂線（回転軌跡）と 副基線（平面図投影面位置）との交わりから 定められる. これを AB 点視図の 軌跡円実形に対応させ，その基線からの距離（l, m）を 平面図に移して 投影を定める.

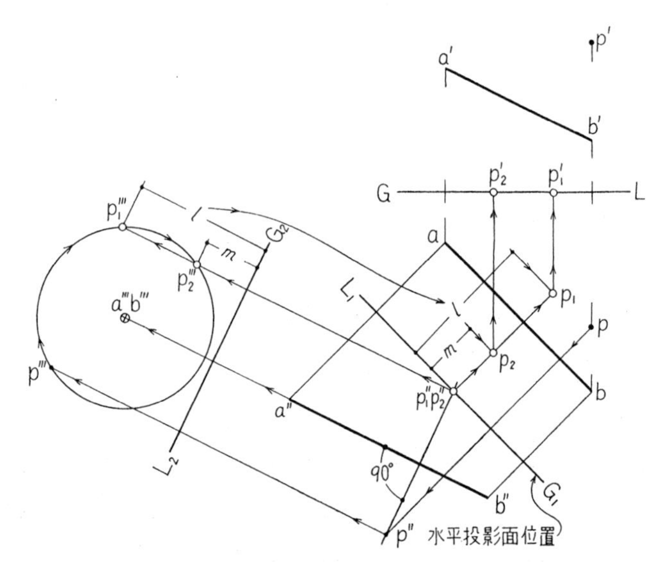

図 3·2 AB を軸に P を回転して平面図投影面上にきた位置.

B. 軸と交わる直線の回転軌跡——軌跡円すい

交わっている二直線の 一方を軸として 他方を回転した軌跡は，直円すい(錐)面となる. これを **軌跡円すい** とよぶ.

軌跡円すいは

(1) 定直線と定角をなす直線.

(2) 定平面と定角をなす直線.

(3) 定平面までの長さが一定の直線.

(4) 定直線，定平面と定角をなす平面.

などの条件のときに 応用される. (4)の条件は 後章曲面のところでのべる.

平面上の定水平傾角直線 斜面に一定こう(勾)配の道路を作るときのように，一平面上の定点Eを通って 一定水平傾角 θ の直線を引くには， 定点Eを頂点とする底角 θ の直立軌跡円すいと 平面との交線をもとめればよい.

交線は， 同じ水平平面上の 円すいの底円と 平面の跡線の交点と 与点を結んだ直線としてもとめられる (図3·3).

一辺が与えられ，第三頂点が平面図投影面上にある正三角形 図3·4 の，ABを

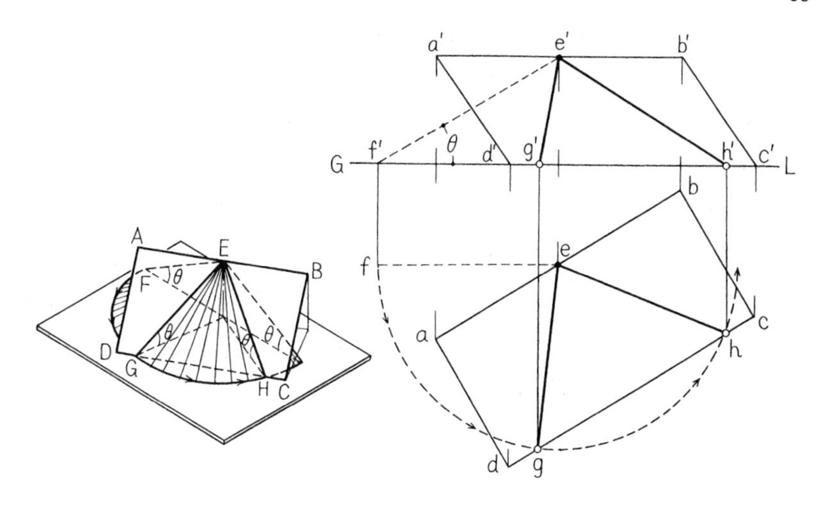

(a)　　　　　　　　　　(b)

図 3·3　平面 ABCD 上で水平傾角 θ の直線 (EG, EH).

一辺とし 第三頂点 C が 平面図 投影面上 に ある 正三角形 の 投影 は, A と B から それぞれ AB の実長 (l) の距離で 平面図 投 影 面にある点を定めればよい.

すなわち, A, Bを頂点 と し エレメント の長さが l である 二つの直立軌跡円すいを考えれば, Cは 二つの底円の交点として定められる.

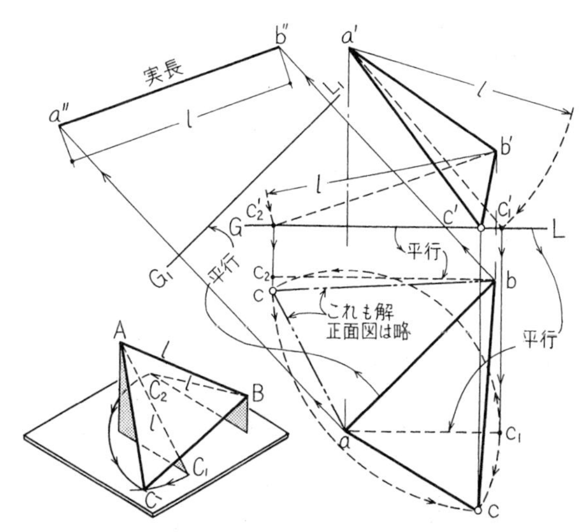

図 3·4　AB を一辺とし, 第三頂点 C を平面図投影面上にもつ正三角形.

3・2　直線実長視回転

斜め直線を, 一端を通る鉛直軸を軸として 正面図投影面に平行になるまで 回転すれば，そのときの投影は 実長を表わす.

このように，回転によって 直線の実長を作図する方法を，直線実長視回転とよび，副投影図と同じように，立体の解析に応用される.

A．投影面垂直軸による回転

図3•5(a)は，鉛直軸BCによって回転して，線分ABの実長をもとめた作図である．平面図では 中心b，半径baの円軌跡をえがき 基線に平行になるまで(ba_1)，正面図では a′から水平に（基線と平行に）移動して a_1 に対応する点 a_1' まで回転する．実長は $a_1'b$，基線との角 θ は 水平傾角である.

図3•5(b)は，正面垂直軸による回転の場合で，平面図に実長 a_2b，正面傾角 ϕ が表われる.

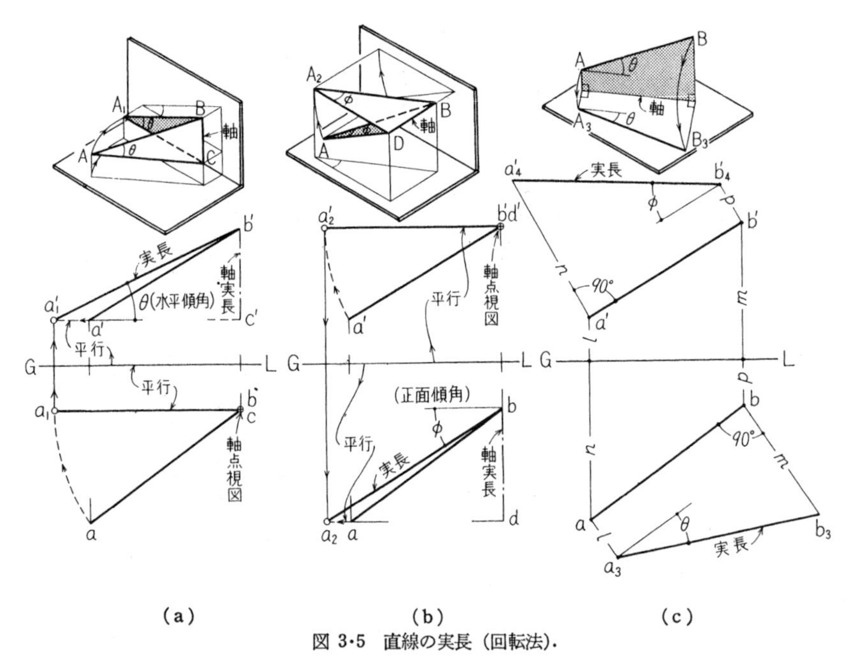

図 3•5 直線の実長（回転法）.

B．投影面平行軸による回転

線分と 平面投影面への正射影とでできる平面（一般に台形）を，正射影を軸として 平面図投影面まで倒せば，線分は投影面上に重なって，そのときの投影は 実長となる〔図3•5(c)〕.

このとき，台形の平行二辺は，それぞれ線分の両端の点の高さだから，正面図の基線からの距離をそのまま移せばよい．

正面図投影面への正射影を軸とする回転も，同様に考えることができる．

C．線分の実長・両傾角から，線分の投影を定めること

線分の一端を定め，その実長・両傾角を指定すれば，直線の投影は決定される．

作図は，鉛直軸・正面垂直軸によって線分の実長・傾角をもとめる作図〔図3･6(a)〕の逆作図である〔図3･6(b)〕．

与えられた条件のうち，水平傾角 θ，正面傾角 ϕ を鋭角とすれば

$$0^\circ \leqq \theta + \phi \leqq 90^\circ$$

のとき解がある．解は，直線の向き（与端に対する）を指定しなければ 8個ある．

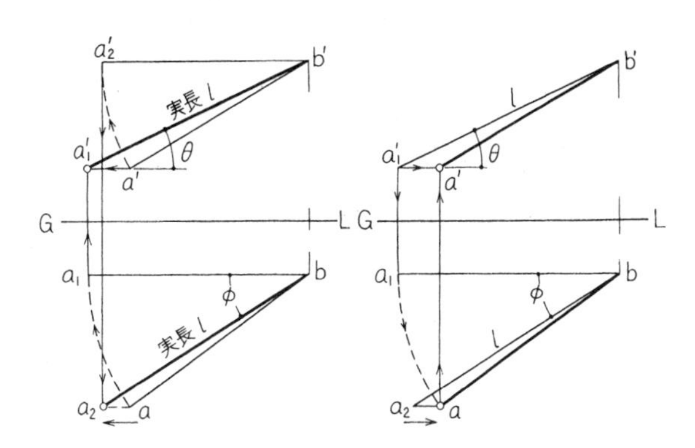

（a） 実長作図・傾角作図　　（b） 左の逆作図．

図 3･6 線分の実長・傾角から投影を定める．

3・3 平面実形視回転

A．回転による平面の実形図

平面を，平面上の水平直線を軸として回転して行くと，平面が水平に（平面図投影面に平行に）なるところがある．

このとき，回転された平面の正面図は（副立面図も）基線に平行な直線視図であり，平面図は実形である（図3･7）．

この方法は，副投影法よりも手数がかからないので，平面図形の実形をもとめさえすれば解決する問題にはよく用いられる．

回転軸には，一般には水平直線・正面平行直線が用いられ，これらを点視とする副投影図（すなわち平面直線視図）を作り，この直線視図を副基線に平行になるまで回転する．

このとき，軸実長図では回転された点は軸に垂直に移動し，平面の実形を表わ

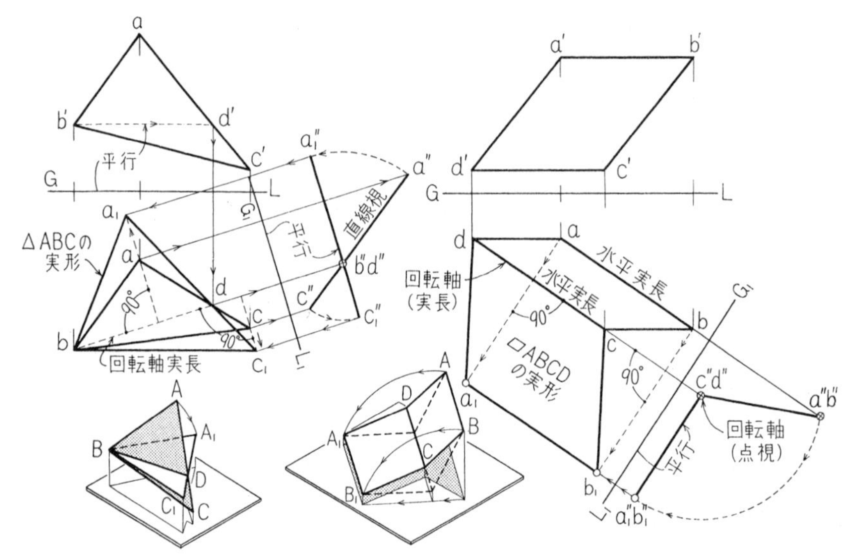

（a） 三角形表示平面の実形回転（水平軸）.（b） 水平・正面平行辺 四辺形平面の実形回転（水平軸）.
図 3·7 平面の実形（回転法）.

す．すなわち

通則 9. 平面実形視回転

平面の直線視図を 基線に平行になるまで回転すると，軸実長図に 平面実形視図が表わされる．

B．平面上にえがかれた図形

副投影法のとき考えた問題を，回転法でも考えてみよう．

平面上の 正方形　図3·8の，平面ABCDの上に，Bを右上の一頂点とし 一辺がADに垂直で 長さ l の正方形をえがく．

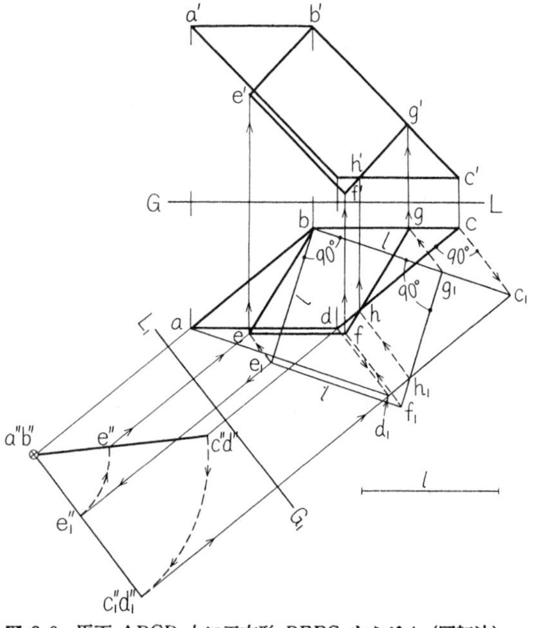

図 3·8 平面 ABCD 上に正方形 BEFG をえがく（回転法）.

解は 水平辺 AB を軸として ABCD を水平になるまで回転し， そこで 正方形 をえがき， 回転の経路を逆にたどって 正方形の主投影図を定める.

円の投影 円の直線視図を，基線に平行になるまで回転すれば，隣図は円の実形視図となる.

これから 円周上各点の投影を定め， 逆回転によって もとの図の上にもどすと 投影だ円を 正しくえがくことができる.

この方法は 円の投影を作 るときの 一般的手段である (図 3·9).

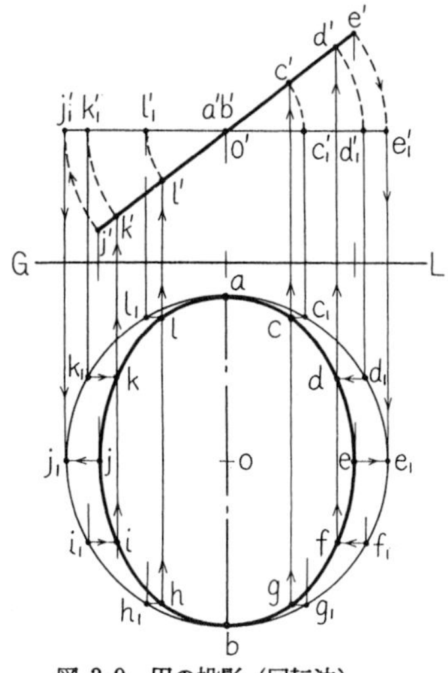

図 3·9 円の投影 (回転法).

4. 切　断　法

4・1　切断法とは

切断法というのは，三次元の拡がりをもち，そのままでは 投影の解析がむずかしい 立体・面を，既知の平面（まれに二次曲面）で切って，問題を切口の上だけに 限定して考える 手法である．

こうすれば，問題は 既知平面上の図形として，いままで われわれの習得した方法によって 解決することができる．

切口の作図

立体の切口の作図は，2・4 節で取り扱ったように，切断平面の直線視図を作り，立体のエレメントとの交点を定める方法によるのが一般的である．

しかし，切口の形が予測できる場合（たとえば すい面を 頂点を含む平面で切ったとき，切口は二直線となる）には，切断平面の直線視図を作らなくても，切口上の点を知れば 切口をえがくことができる（前の場合，切断面が底平面と交わる跡線を知れば，跡線と底円との交点と頂点を結ぶ直線が 切口エレメントである）．

応用と切断面の選択

切断法は 三次元的問題に 広く応用できるが，とくに 直線と立体の **交点**，立体と面との **交線** をもとめる問題に対しては，最も有力な手段である．

切断面は，手段として用いるのだから，なるべく 取り扱いやすい 関係位置のものを 選ぶ必要がある．すなわち

（1）　切口が直線となる平面，または 切口が円となる平面．

（2）　直線視図の取りやすい平面，とくに 投影面垂直平面．

（1）と（2）とは 独立の条件である．双方を満足することが できない場合には，

始めに（1），つぎに（2)を満足する平面を 見出すようにつとめる．

4・2 直線と面の交点（直線を含む主投影面垂直切断）

一般に，直線と面との交点を 切断法でもとめるときは，直線を含む 鉛直切断面（または 正面垂直切断面） で 面を切って，その切口と 直線との交点として定める．

A．直線と平面との交点

直線ABを含む 鉛直な平面で切った 与平面CDEFの切口は，図4・1のように，平面図での 直線の投影ab （切断平面直線視図が重なっている） と 平面の投影辺との交点g, hを 正面図の平面の対応辺上に対応させたものである(g′h′).

この切口直線g′h′と原直線a′b′との交点i′が，与平面と直線の交点の正面図である．平面図は ab 上に対応させて i である．

直線が平面にかくれる部分は 図の通り．

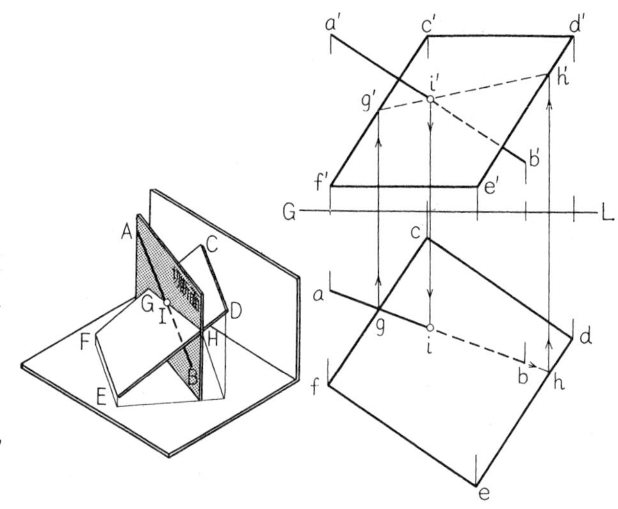

図 4・1　直線 AB と平面 CDEF との交点.

二つの三角形の交線

二つの三角形の交線は，一方の辺が 他方の面を貫く点を（二つ） もとめれば 定められる．

図4・2 は，三角形ABCと 三角形DEFの交線をもとめる作図を示す．ここでは，AB および BC が 三角形DEFを貫く点G， Hを 正面垂直切断面を使ってもとめてある．

両三角形の 互いに見えなくなる部分は，隣図で基線に遠い点が見える原則から，図のように定められる．

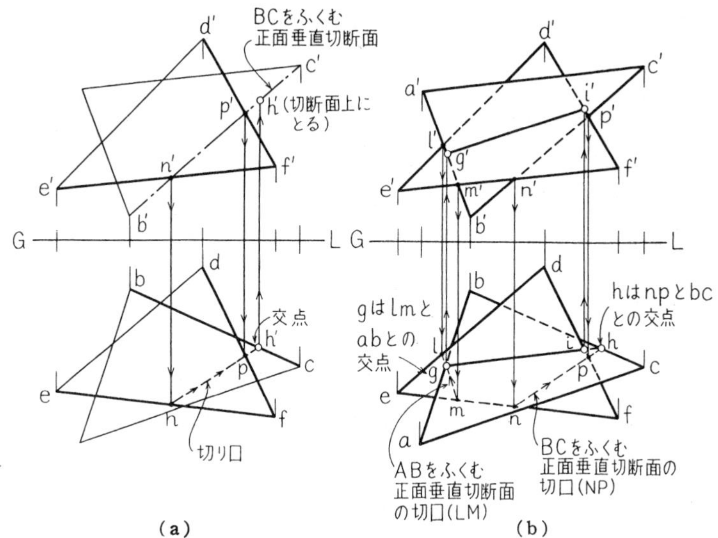

図 4・2　二つの三角形の交線.

B．直線と球面との交点

直線を含んだ 鉛直 な 切断平面で 球を切れば， 切口は 鉛直な小円 となり，その実形 を 示す 副立面図を作れば 交点 が 定められる (図 4・3).

切口円の 中心高さは 球の中心と同じで，その直径は 平面図で 球の 投影円の切口の 弦の長さであ る から， 実形副投影図は 定められる.

図 4・3 で， 球の投影の基線に 平行な 直径より 基線寄りにある 球面上 の 点

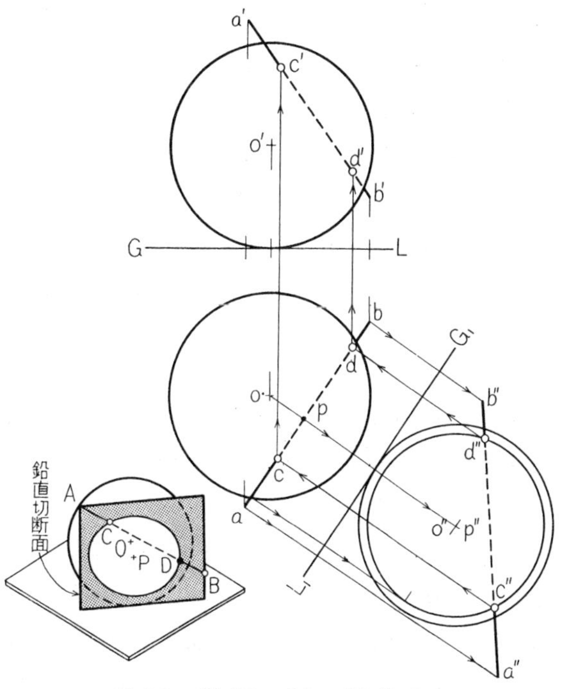

図 4・3　直線 AB と球 O の交点 C，D.

は，隣図で見えない側にあることに注意せよ.

C. 斜め軸直円すい面上の点の対応

図4·4のように，斜め軸直円すい(錐)面の投影は，頂点から内接球の投影に引いた接線が輪郭線となる. このとき，円すい面上にある一点Pの投影の対応を考えてみよう. いま，平面図pが与えられたとすると，つぎのようにして正面図p′が定まる.

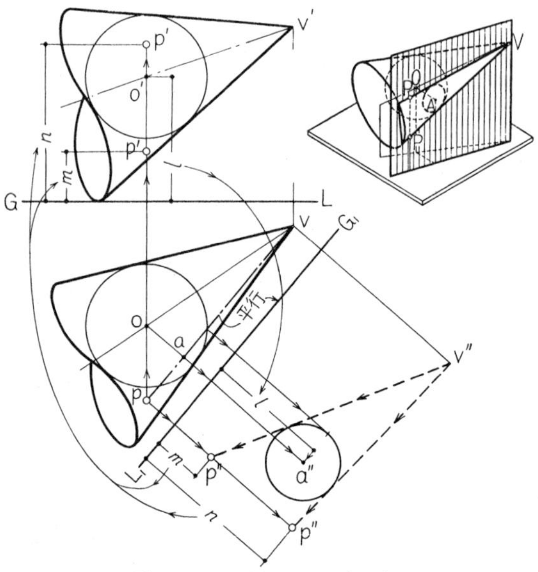

図 4·4 斜め軸直円すい面上の点 P.

(1) 初めに Pを通る 直線エレメント VPを考える.

(2) VPを含む 鉛直切断面で，内接球もろとも 直円すい面を切る.

(3) 切口実形を表わす 副立面図(副基線//vp)を作ると，内接球切口は前節と同様の小円a″としてもとめられる.

(4) エレメント VPは v″ から上の円 A に引いた接線である.

(5) 接線上にpからの対応でp″を取れば，基線からの距離 m，n が点Pの高さである.

D. 三角柱と三角すいの交線

多面体が互いに干渉する位置にあるとき，面の交線は，一方のりょうが他方の面を貫く点を（すべて）もとめれば，定めることができる. その方法にはつぎの二つがある (図4·5).

(1) 一本のりょうを含む鉛直平面で（または正面垂直平面で）切る方法―― 直線と平面の交点から定める法―― 一般法である.

(2) 柱の側りょうを点にみる図を作る方法―― 柱の側面はすべて直線視図となり，他方の立体のりょうとの交点が同時に定められる(ただし，この方法が有力

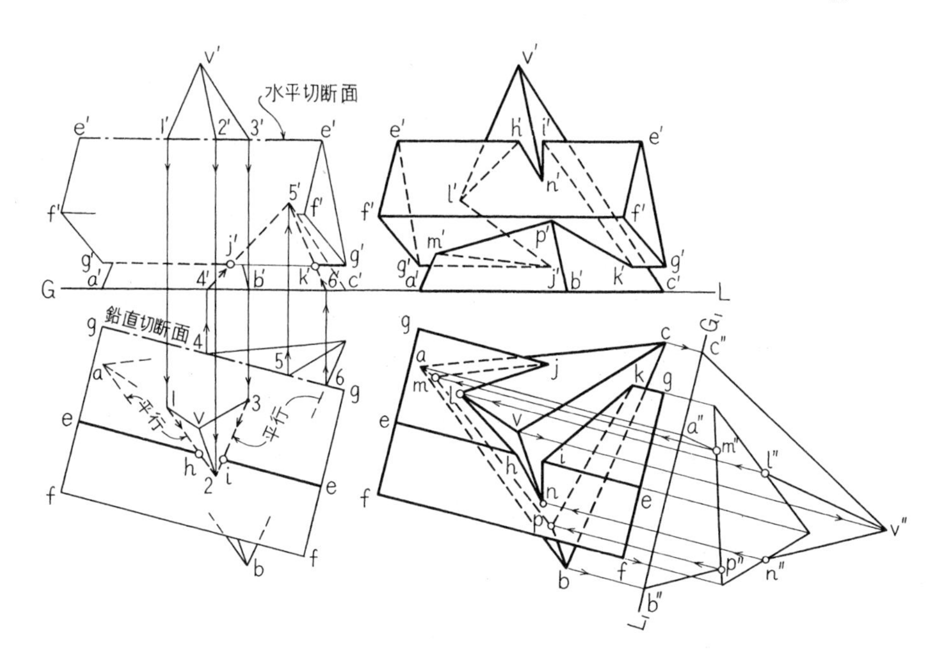

(a) りょうを含む投影面垂直切断法.　　(b) 柱側りょう線点視法

図 4·5 三角柱と三角すいの交線.

なのは 一次副投影図までで 解決できるときにかぎる).

4・3 二面同時切断法 (主投影面垂直切断)

二つの面が交わっているとき, これらを 一つの平面で切った 切口の交点は, 二面の交線の切口で, これらの点を 多数取れば 面の交線を定めることができる.

以下, この考えの適用できる問題のうち, とくに 単純な切断平面群 (主投影面平行 または 垂直) によって 解くことのできる問題を考えてみることにする.

A. 二平面の交線

図4·6 にあるように, 平面を表示する図形が 離れてえがかれてある場合, その交線をもとめるには, 同時切断法が有利である.

図では, 水平な切断平面二つによる 切口の 交点二点から, 平面の交線が定められることを 示している. このとき 二つの (平行な) 切断平面による切口直線が, それぞれ 平行であることに注意せよ.

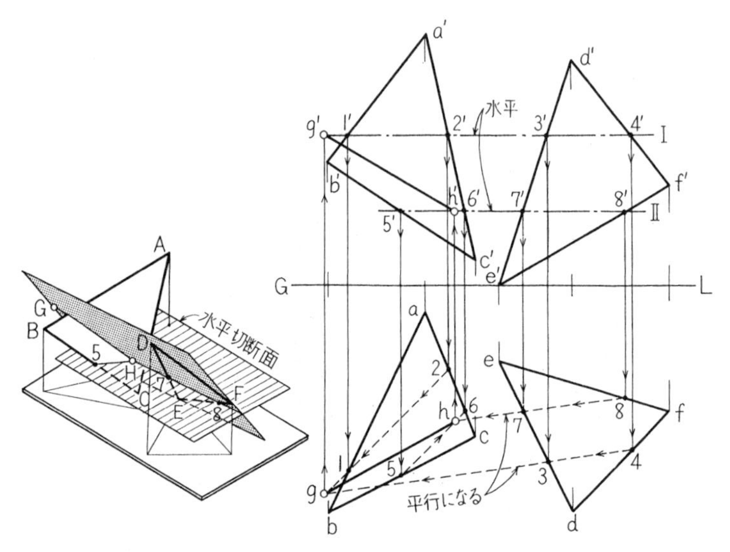

図 4・6 二平面の交線（同時切断法）.

B. 直立円柱と水平直円柱の交線

図4・7 のような場合，水平円柱のエレメント（水平直線）を含んで 鉛直に切れ

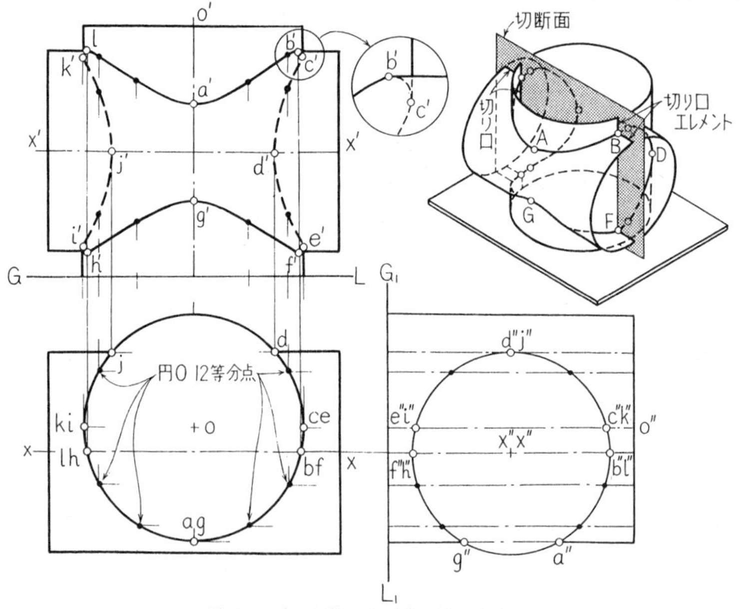

図 4・7 直立円柱と水平直円柱の交線.

ば，両円柱の切口は それぞれ 二直線となり，それらの交点は 両曲面の交線上の点である．

このとき，円柱の底円に 接するような 切断平面によって もとめられる 交線上の点は，交線上の一種の限界点である（図4•7 では 交線の 極狭部点）．

解が曲線となる場合には，このような 特殊点 を 必ず先にもとめ，一般点は それらの穴埋めに作図するつもりでよい．

特殊点とは，一般に

（1） 外形線上の点（両立体・両投影図とも，この点が見える限界で外形線への接点である）．図4•7 では b′，c′，e′，f′，h′，i′，k′，l′ および d，j．

（2） 極点（図4•7で，極上B，L，極下F，H，極右C，E，極左I，K，極狭AG，DJ，極広なし．）

4・4 斜め切断法（切口が直線となる切断）

投影面に平行 あるいは垂直に切ると，切口が複雑な曲線となるが，特定の条件の平面で切れば，切口が直線となる場合の方法．

たとえば すい(錐)面は 頂点を含む切断，柱面は エレメントに 平行な 平面による切断で，切口が直線となる．

この切口エレメントは，切断面が底の平面を切る跡線を知れば，跡線と底円の交点を通るエレメントとして定められる．

A．直線と直円すい面との交点

直線と円すい面との交点は，図4•8 のように，与直線ABと 円すいの頂点Vとできまる 切断平面VABで切る．

切断平面と底平面の交線は，VAB上の直線二本（VCとVD）が 底平面を切る点を結ぶ CDである．

跡線CDと 底円との交点をE，Fとすると，VE，VFが切口エレメントである．

直線ABとVE，VFの交点G，Hが 解である．

B．斜円すい体・斜円柱体の交線

斜円すい(錐)体と斜円柱体の交線（または すい同志・柱同志の交線）は，両曲面の切口が 同時に直線エレメントとなる切断平面を用い，それらの交点から定めるの

がよい．

この切断平面はすい では 頂点を通り， 柱では エレメントに平行な平面群である．

すい と柱の 交わっている場合はすい の 頂点から柱のエレメントに平行に引いた直線を含む切断平面群となり，それらと底平面との交線（跡線）は， 上記直線が 底平面を貫く点を通る 放射状の跡線群となる．切口は この跡線と 底との交点を通る 各面のエレメントである．

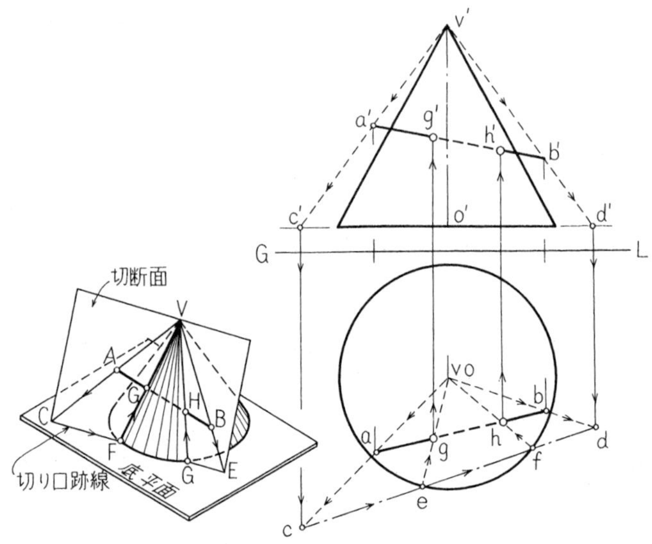

図 4·8　直線 AB と直円すい V—O との交点．

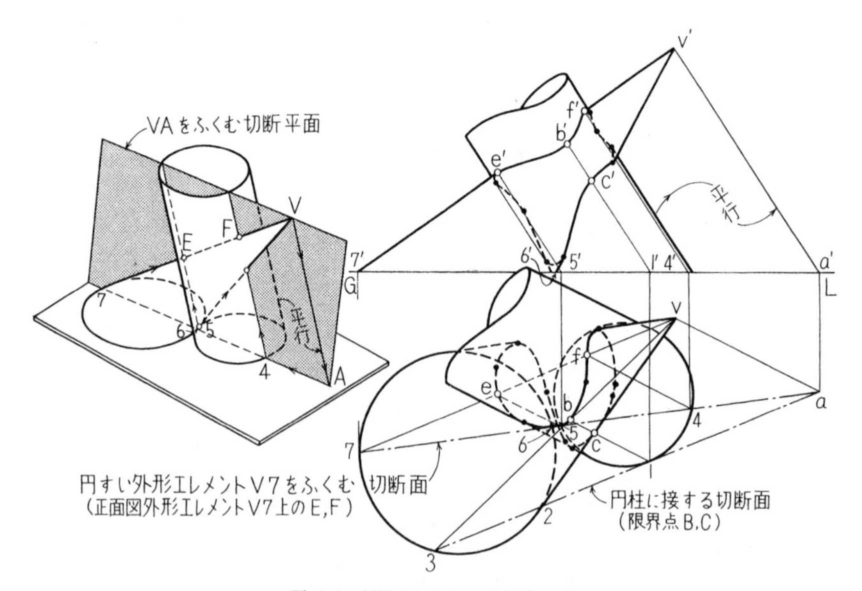

図 4·9　斜円すい体と斜円柱体の交線．

すい と すい の場合の切断平面は，両頂点を結ぶ直線を含む平面群である．

柱と柱の場合の切断平面群は，両エレメントに平行な平面群，すなわち，任意の一点から 両エレメントにそれぞれ平行に引いた二本の直線によって決定される平面に 平行な平面群である．底平面上の跡線は平行跡線となる．

図 4·9 に，一例を示す． 底平面上の切断跡線が， 両底を同時に切る範囲が 両面の交線のある範囲で，一方の底に接し他方の底を切るときは 交線上の 一つの極点(狭点) である．

特殊点は，外形エレメント上の点である．外形エレメントの底点を通る跡線を作って 定める．

交線の曲線が 見えるか，立体のかげにかくれるかは，交点作図の 切口エレメントが 双方とも見えるときは 見え，一方でも見えないときには 見えない側にある．

4·5 球面による切断

回転面を，軸上の一点を中心とする 球面で切れば，切口は 円エレメントとなる．したがって 二つ以上の回転体があって平面による切断では， どうしても切口が複雑な曲線となるとき この方法が有利となることがある．

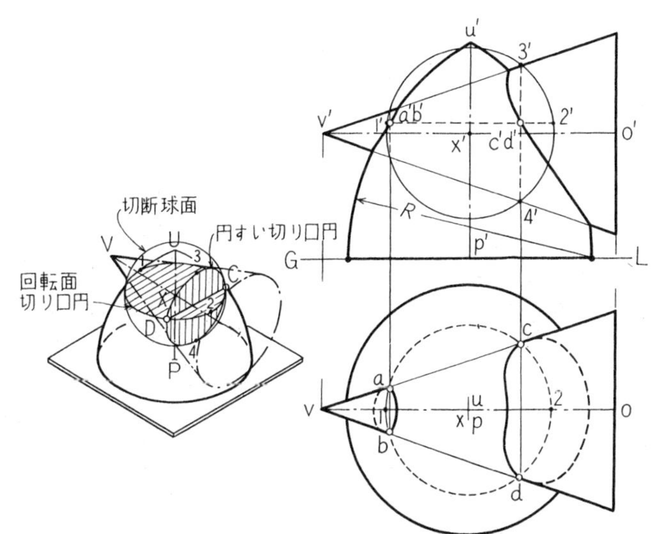

図 4·10 軸の交わっている回転体の交線（切断球面）．

A. 軸の交わっている二つの回転体の交線

軸の交わっている 二つの回転体の交線は，軸の交点を中心とする 切断球面による 切口円の交点から 定めることができる．

このときの切口円は 同一平面上にはない． そこで， 両切口円を同時に直線視する図（両軸の実長を表わす図）を作り，その図で交点を定め，一方の切口円実形図（一軸点視図，隣図）に対応させて位置を定める．

図4·10に，直立円弧回転面と斜め軸直円すい面との交線をもとめる例を示す．

軸の交点Xを中心とする切断球面による切口は，両軸実長の表われている正面図で外形線と球面の交点を通る直線視図として定まり，その交点を平面図に対応させて交線をえがく．

B. 二つの軌跡円すいの交線

相交わる二直線とそれぞれ与えられた角度をなす直線は，二直線の交点を共有頂点とし，半頂角がそれぞれ与角である，二つの軌跡円すいの交線である．

このときも，共有頂点を中心とする球面で切れば，それぞれの円すい面の切口は円となり，前節と同様に取り扱うことができる．

図4·11は，ABと30°，ACと45°をなす直線（AD，AE）をもとめる作図で

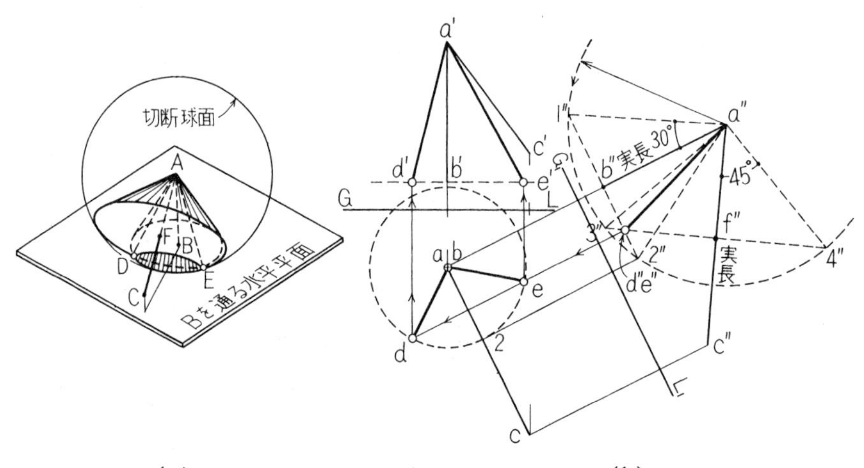

(a)　　(b)

図 4·11　軌跡円すいの交線（ABと30°，ACと45°をなす直線）．

ある．

AB，ACの実長を同時に表わす副立面図を作れば，円すいの外形線と球外形円の交点を結ぶ直線が切口円だから，これらの交点を一円の実形図上に対応させれば，ただちにD，Eが定められ，AD，AEが解となる．

5. 投　射　法

5・1　投射法とは

空間の 二つの物体の関係位置を 定めるために， 両物体の射像を 一平面上に作って 解析する方法を，投射法とよぶ.

射像の 重なったところは，一本の投射線の上にある点であることを 応用して，射像の方から 逆に投射線をたどって 二立体の位置の関係を考える方法を，逆投射法 とよぶ.

この方法は， とくに 陰影の問題で， 影の重なりから 前の立体が 後の立体面に投ずる影を定めるときなどに 利用される.

5・2　投射像とその応用

A. ねじれ二直線を結ぶ水平方向の直線（最短線・与えた長さの）

一方の直線に平行な方向に， 全体を 水平平面上に投射すると， 投射方向の直線の射像は 点， 水平直線の射像は 実長であるので， ねじれ二直線を結ぶ 与えられた条件の 水平直線をもとめる問題は， 点（一直線の射像.） と 第二の直線の射像（これは，直線.） とを 与えた条件 （長さ， 方向など.） で結ぶ 簡単な問題となる.

たとえば， 二直線を結ぶ 水平方向の最短線は， 第二の直線の射像への最短距離だから，垂線となる（図5・1 の c_pe_p）.

また，与えた長さ l で 両直線を結ぶ水平直線の射像は， 点射像を中心に l の長さで 第二の直線の射像を切る 半径である（図5・1 の c_pg_p， c_pi_p）.

これらを， 投射逆方向に もとの直線上にもどせば，解である. 解は 水平であ

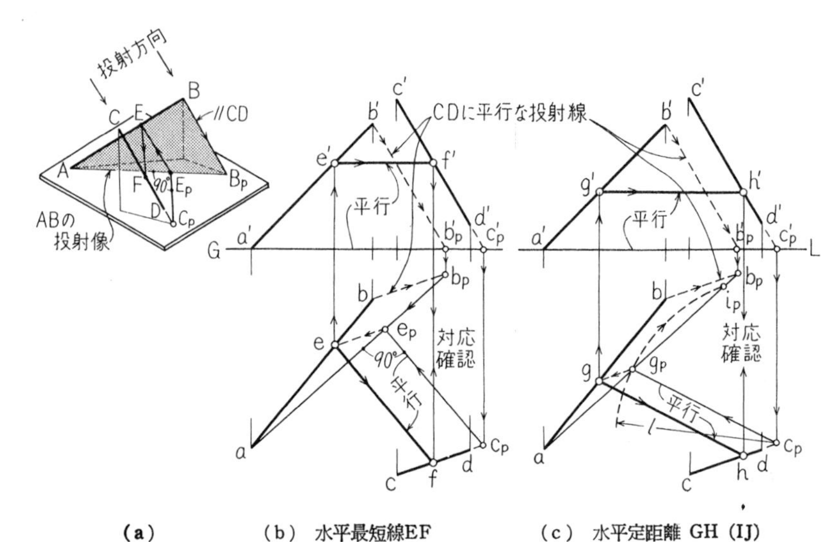

(a)　　　(b) 水平最短線EF　　　(c) 水平定距離 GH (IJ)

図 5·1 ねじれ二直線を結ぶ水平直線（投射法）.

る．CD 上の点の対応をチェックせよ．

ねじれ二直線を与方向に結ぶ直線

与えられた 問題の方向 EF に平行な投射線で，両直線（AB，CD）を一平面上

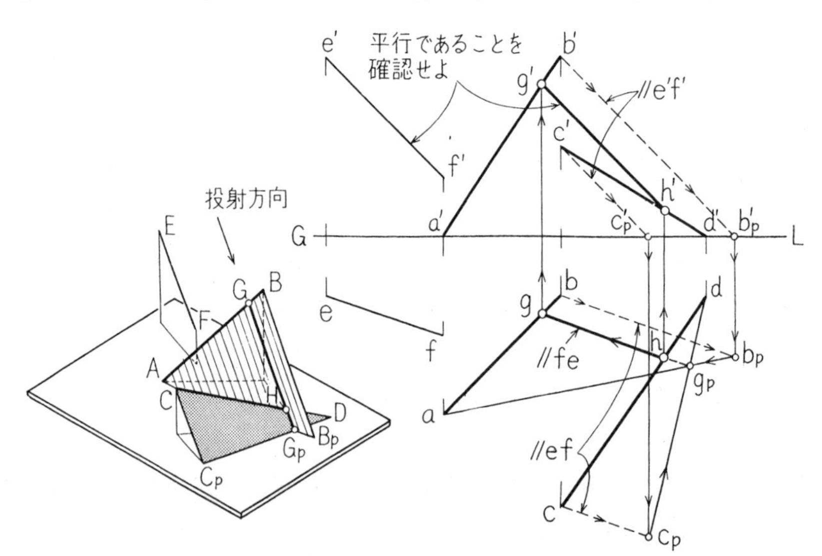

図 5·2 ねじれ二直線を与方向に結び直線（投射法）.

に（ここでは 水平投影面上に）投射すれば， それらの投射像の重なった点（g_p）を通る投射線が，解の直線そのものである（GH）（図5•2）.

B．直線と平面との交点

直線と平面の交点も，任意の定平面上に 与平面を直線に投射するように投射すると，直線の投射像との交点から 定めることができる.

図5•3 に，その一例を示す．投射方向は平面上の（任意の直線）CF に平行な方向で 投射面は平面図投影面とした.

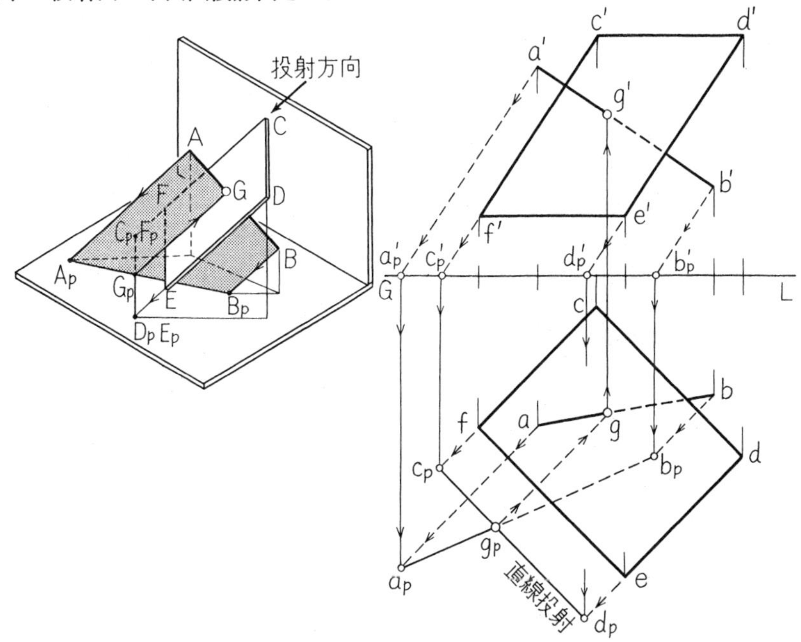

図 5•3 直線 AB と平面 CDEF の交点（投射法）.

C．正射影・鏡像点（対称点）

平面に垂直に投射した像を 正射影ということは，すでに知るところである.

正射影から， もとの点の逆方向に， 等しい距離だけ 投射線をのばした点を，**鏡像点** または 平面に関する 対称点という.

平面を 鏡と考えたとき， 点から出て反射する光の径路は， 鏡像点から出るように進む.

光の径路は 最短距離である.

図5·4 で，点Aと 点Bとを，平面CDEF 上の一点を経由して結ぶ経路のうち最も短いものは，点Aの鏡像点 A_M を作れば 反射点Gが定められ，A⟶G⟶B であることがわかるであろう.

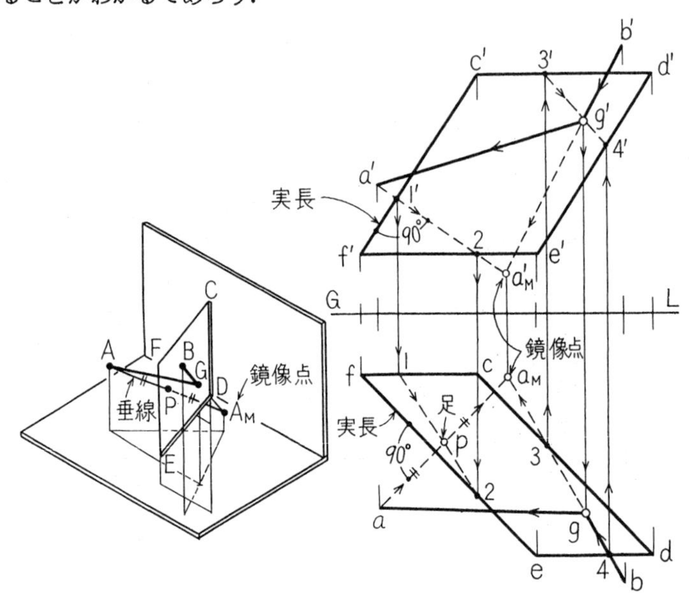

平面との交わり．P，G のもとめかたは切断法による．

図 5·4　平面 CDEF 上の点(G)を経由して，A，B を結ぶ最短線.

5·3 陰　　影

実用上の要求から，ある物体に光を当てたときの陰影を定める作図が考えられている.

一般には，光線は平行光線とし，その方向を正面図r′ 平面図 r 方向として与える．そして，光線の当たっている面は明るく，光線の当たらない面は暗いとして作図する.

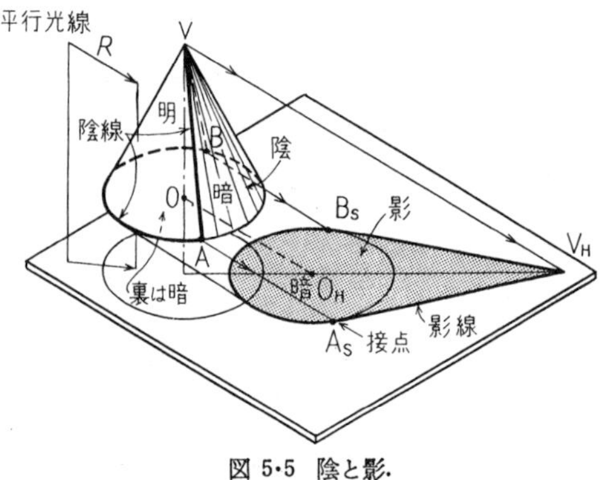

図 5·5　陰と影.

うしろ向きで光の当たらない面

を 陰，他のもので 光がさえぎられて 光の当たらない面を 影といい，明るいところとの境界を それぞれ 陰線，影線という（図 5•5）.

陰影の問題は，光線方向の投射像と考えれば，投射法の一部である.

A．直接法

ある面への 影をもとめることは 投射像をもとめることである．このとき，その面の 直線視図（柱面のエレメント点視図も同様）を作れば， 影は 光線と面の交点として 直接作図できる.

水平円板の水平平面への影

影を落とす平面に平行な 平面図形の影は 原図形に合同 （平行移動の） である〔図 5•6(a)〕.

水平円板の 水平平面への影は，中心の影位置を定めて 同じ大きさの円をえがけばよい.

このことは，作図の能率を上げるばかりでなく，作図の正しさをチェックする 目安となる.

直立円柱の陰影

円柱は，側面の半分が陰となる．陰線エレメントは 軸方向からみた図で 光線が

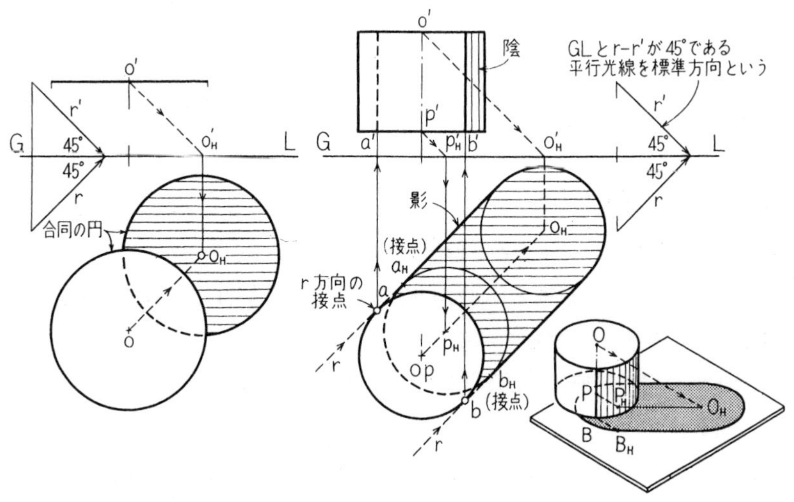

(a) 水平円 O の平面図投影面への影.

(b) 直立円柱

図 5•6 水平な円，直立円柱の陰影.

底に接するエレメントである〔図5･6(b)〕.

水平平面への影は 両底の影（前出水平円板と同じ）を 共通接線（陰線エレメントの影，接点は エレメント両端の影）で結んだものである.

壁面への影

鉛直平面へ落ちる影も，水平平面に対するものと 同様に取り扱うことができる.

図5･7(a) で 軒先線は 壁に平行だから， その影は 軒先線に平行であることに注意されたい.

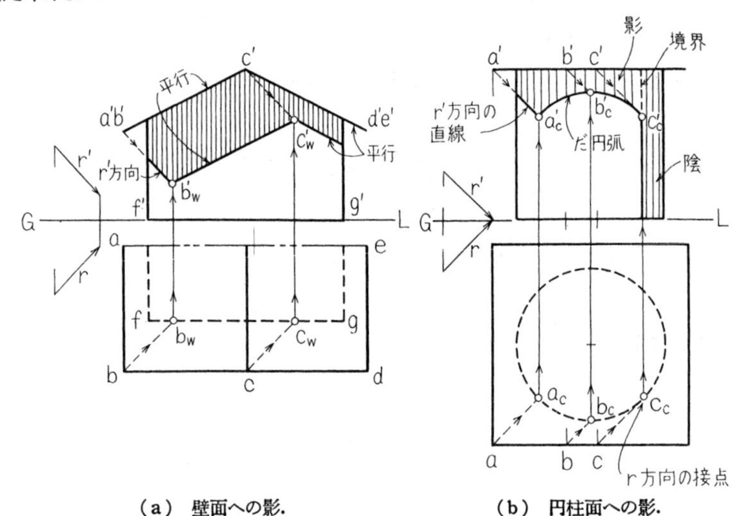

（a） 壁面への影.　（b） 円柱面への影.

図 5･7 壁面，円柱面への影.

円柱面上への影

影を落とす面が 柱面であっても， エレメント点視図を使えば， 平面直線視図と同様に，光線と柱面との交点を，直接 定めることができる.

図5･7(b) で，正方形板ABCDが 円柱面に落とす影は，平面図から定まり，正面図の対応光線上に 位置をえがくことができる.

ここで，$e_c'a_c'$ 間は 直線，$a_c'f_c'$ 間は だ(楕)円弧である.

B．間接法

考えられる すべての影を 一平面上（多くは 水平平面上）に落とし， その影の形，重なりなどから，逆投射法によって 立体面上の陰や，他立体が 面上に投ずる影などを知る方法を 間接法とする.

このとき 応用される性質は

（1） 影線は 陰線の影である.

（2） 二つの影が重なって 平面上に投射されているときは, 前方の立体の影が後方の立体の（明るい）面上に落ちている.

（3） 二つのエレメントの影が 交差している点を 逆投射した光線上の, 後方のエレメントの点は, 前方エレメントが後方エレメント上に落とす 影点である.

直立円すい体の陰影

直立円すい(錐)体が 平面上に落とす影は, 底の影と 頂点の影から底の影に引いた 接線とに囲まれた部分である（図5•8).

接線は すい面上の明暗の境界である 陰線エレメントの影であるから, 底の影への接点を 逆に 底円上にもどせば, その点が 陰線エレメントの端である. この点と頂点を結んで 陰線を定める.

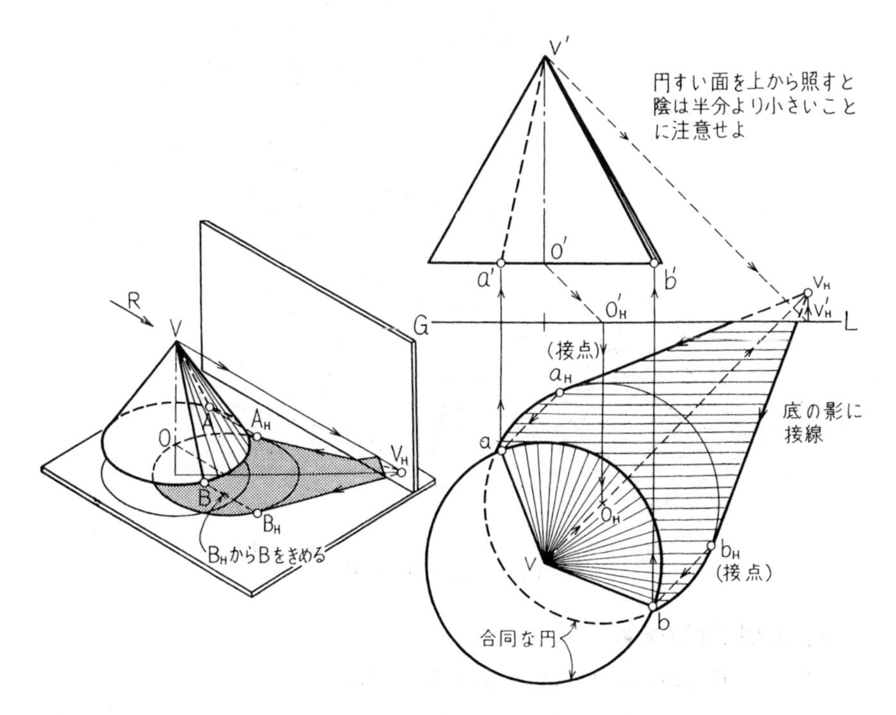

図 5•8 直立円すい体の陰影.

水平三角柱面上に落ちる直線の影

図5·9 のような，屋根状の面の上に 直線ABの落とす影は，双方の影を 水平平面上に落とし，それらの重なりから定める． このとき， つぎのことに 留意すること．

(1) りょう(稜)の影と 直線の影との 交わりは 直線が りょうの上に 落とす影の位置であること．

(2) 直線が 斜平面上に落とす影も 直線だから， りょうの影と 直線の影 (または その延長.) との交点を取れば， それだけで 斜面上の影をえがくことができる．

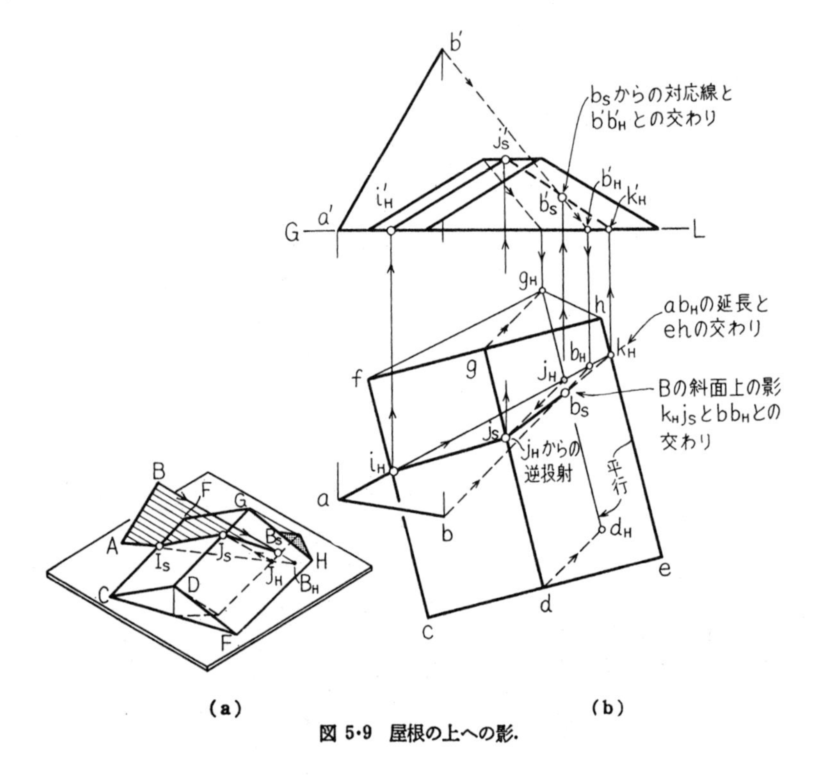

(a) (b)

図 5·9 屋根の上への影.

中空曲面の内面の陰影

中空とは，厚さのない面で ふた(蓋)のない立体をいう．

一般に，面は 表側が明るければ， その裏側は 陰である． その他にも 面の前方

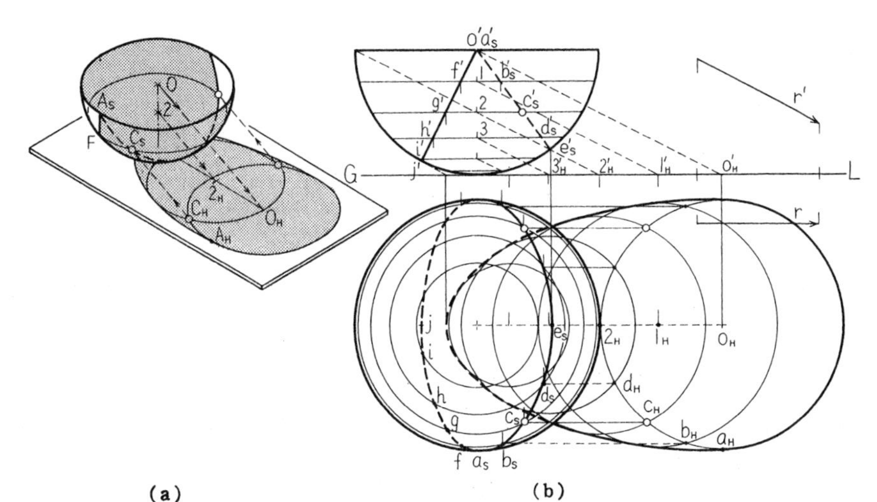

(a)　　　　　　　　(b)

図 5·10　中空半球面の陰影.

の部分が光をさえぎって後方の面上に影を落とす.

一例として中空半球面の陰影を考えてみよう（図5·10）.

図の球の水平円エレメントをいくつも取り，それらの水平投影面上への影を作れば，半球面上縁の大円エレメントの影との交点が各円エレメントの上

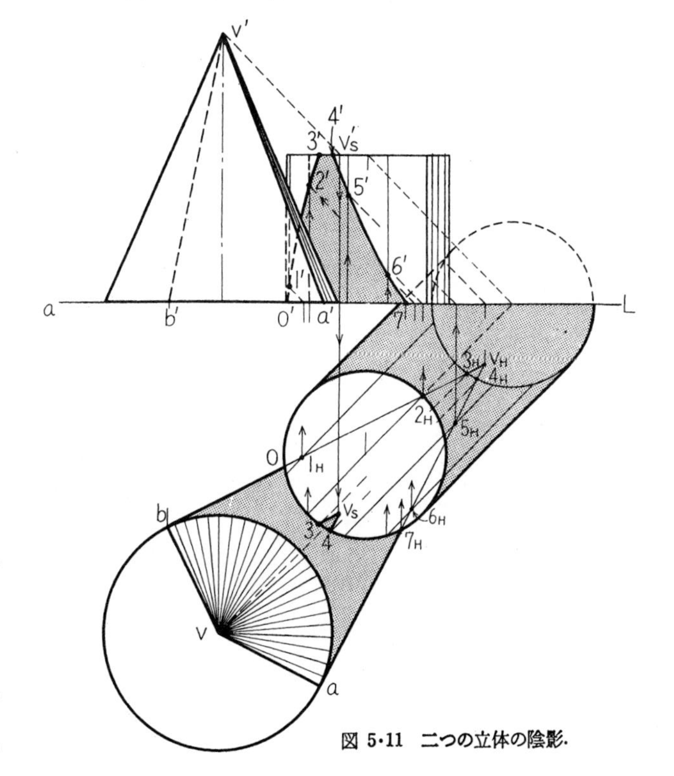

図 5·11　二つの立体の陰影.

に落ちる 縁円の影点（球内面の）である.

球外面の陰線は，光線に垂直な大円（の一部）であって，円エレメント影円の包絡線（だ円）への接点を 逆にもどした線である.

二つの立体の影

一つの立体の影が 他の立体面の上に落ちる場合も 同様に 取り扱うことができる.

図5・11 は，その一例で，前方にある 直立円すいの影の一部が，後方の 直立円柱の上に落ちる.

作図は，円柱面エレメントの影を 底平面(水平平面)上に落とし，これらと 円すい面の影線との交点を，逆投射して 原エレメントの上に取れば，その点が 円柱面上の影線上の点である.

頂点が 円柱上端円の上に落とす影は 正面図から 直接定められる.

6. 曲　　面

6・1 曲線・曲面

ここでは，幾何学的に 比較的簡単に定義される 曲線・曲面で，実用面でも 応用されているものについて，性質・作図法などを考えることにする．

平面曲線

平面曲線のうち 応用面の広いものは， 二次曲線・サイクロイド・円のインボリュート曲線・各種うずまき線である．

これらの 正しい作図法，接線・法線の引きかたなどについては，巻末の 付録の平面図法にのべる．

平面曲線の投影は 次数が変わらない．

平面曲線の接線は どの向きから投影した図でも 接線である．とくに，曲線の含まれている平面の直線視図では それに重なる．

空間曲線

空間曲線のうち，最も応用の広いものの一つは，つるまき線である．つるまき線は，点が 直立円柱面上を 定角速度で回りながら 定速度で上昇するときにえがく軌跡曲線で，同種のものに，直立円すい(錐)面上に沿って動いたときの軌跡，円すいつるまき線がある．

つるまき線の投影は，図6・1 のように， 基円柱面上を 単位角度回転して 単位長さ上昇するとしてえがく．

一回転したときに昇る軸方向距離を **リード** という．

図のような 直立軸のつるまき線の 正面図は 正弦曲線となる．

つるまき線は 等曲率曲線で その接線は 基円柱の底平面と 定角(α)をなす． い

ま リードを l, 円柱半径を r とすると

$$\tan\alpha = l/2\pi r$$

である.

曲　　面

この節で取り扱う幾何学的曲面を，構成エレメントによって分類すると，つぎのようになる.

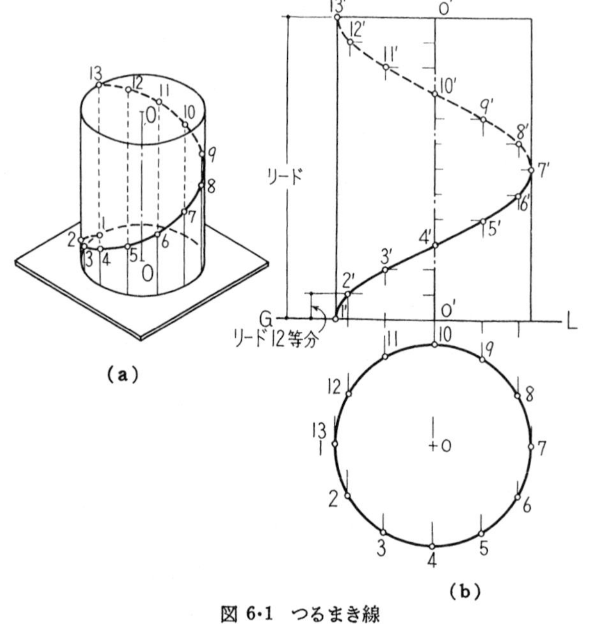

図 6·1　つるまき線

（1） 線織面

直線エレメントをもつ面.

（i） 可展面（単曲面）

直線エレメントが曲線に接触しながら隣り同志同一平面内にあるように移動して生ずる面.　この種の面のみが面上の線の長さを変えることなしに一平面にひらくことができる.

すい(錐)面・柱面・接線曲面（空間曲線の接線群)・接平面包絡面（二つの曲線に同時に接する平面群の包絡面）がこれに入る.

（ii） ねじれ面

隣り合った直線エレメントが，ねじれの位置にあるように移動して生ずる面. 展開不能.

双曲放物面・単葉双曲回転面・ヘリコイドなどがこれに入る.

（2） 複曲面

直線エレメントを持たず，曲線の移動によって生ずる面.

一般の複雑な曲面はすべてこの中に入る.

図学で取り扱うのは，それらの代表として，球面・回弧回転面・だ(楕)円体などである.

6・2 可　展　面

A. すい面・柱面

一定点と 定曲線上の点とを通る 直線群の作る面がすい（錐）面である．既出の円すい面は，定点（頂点） と 円とによってできる すい面である．

定点が 無限遠にあれば，直線群は 互いに平行となる．この面を柱面という．円柱面は 円を通る平行直線群による面である．

このような 成り立ちから，すい面と柱面とは 共通の性質が多く，ほとんどの場合，すい面で“頂点を通る”というところを，“エレメントに平行”とおきかえると 柱面にも通用する．

斜め軸直円すい体

斜め軸の直円すい体の 側面輪郭は，頂点と 内接球の投影が定まれば，頂点から

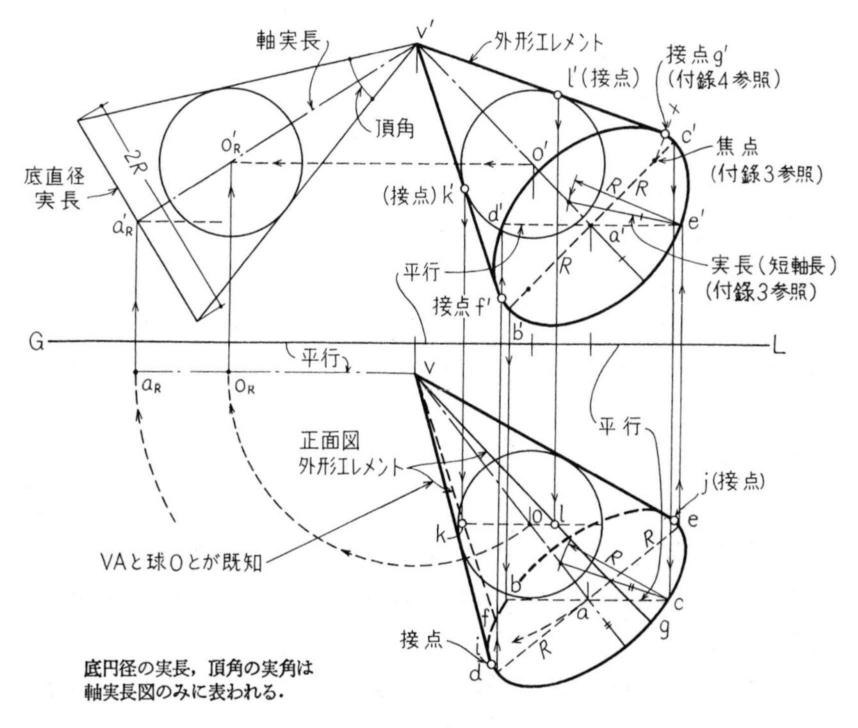

図 6・2　斜め軸直円すい体

球への接線として 作ることができる.

底円の投影はだ(楕)円となり，輪郭線は それへの接線となる. 頂点とだ円の長軸端を結ぶエレメントは 斜め円すいの輪郭にならないことに注意せよ〔正面図外形エレメントの平面図は，図のように内接球接点(k′, l′) を隣図の内接球の基線平行直径上に対応させ(k, l)， 頂点と結んで定める〕.

底は 軸に垂直で，底だ円の長軸は 実長投影（円の直径の）だから，長軸はすい軸の投影に垂直である. また 隣図では 基線と平行な だ円直径である. この関係から 付録3.（1）の方法で だ円短軸の長さが作図でき，底だ円を えがくことができる（図 6・2).

接平面（すい・柱の)

すい(錐)面・柱面に接する平面は，一本のエレメントに沿って 面に接する. このエレメントを接触線という.

接平面と すい（柱）面とを 一平面で切れば，接平面の 切 口（跡線）と 面の切口（底）とは，接触線の 切口点で 接している. この性質は 接平面を作るとき 応用される（図 6・3).

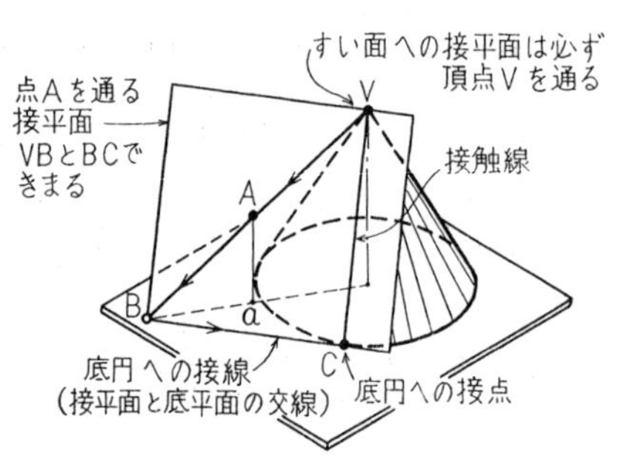

図 6・3　直円すい面への接平面.

水平平面と与角をなす平面　一点を通って 定平面と与角をなす平面は， 与点を頂点 定平面への垂線を軸とし，底角が与角に等しい 直円すい面に接する平面である.

図6・4 で，直線ABを含んで 平面図投影面と60°をなす平面は， つぎのようにして 定められる.

もとめる平面は，AB上の一点(B)を 頂点とし 底角が60°の直立円すいに接し，その跡線（投影面との）は ABが 平面図投影面を貫く点C を通る 底円への 接線CD，CEである.

すなわち，ABとCD（またはCE）とで決定される平面が 解である（解2個).

B．接線曲面

空間曲線の 接線群によって作られる 曲面を，接線曲面とよぶ. この面も，理論

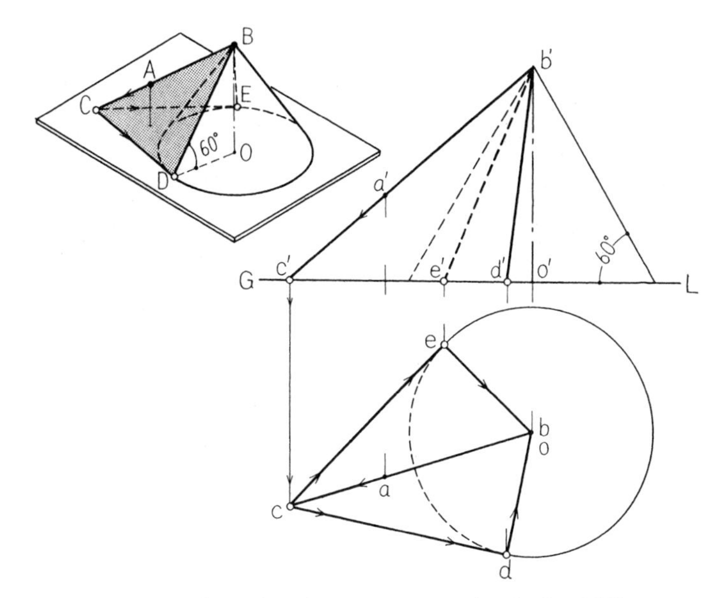

図 6·4　AB を含み，平面図投影面と 60° をなす平面（BCD，BCE）.

上 一平面に展開することができる.

一例として，つるまき線の接線によって作られる，ヘリカル・コンボリュート面について 考えてみることにする.

図6·5 に示すように，直立円柱に 直角三角形の紙を 巻きつけ（このときの斜辺が つるまき線），これを ほどいて行ったとき ほどけた部分の斜辺は 曲線への接線であるから，その軌跡面がヘリカル・コンボリュート面である.

曲面が 底平面と交わる曲線は，直角三角形の 頂点のえがく軌跡で，基円柱の底円の インボリュート曲線である．すなわち，底円の接線の長さを 基点から接点までの 弧の長さに等しく取った 曲線である（弧の長さは 付録2.（2）の方法による半円周長を 等分してもとめる）.

曲面エレメント（つるまき線の接線）は 底円接点の直上の曲線上の点と インボリュート曲線の対応点とを結んだ 直線である.

接線エレメントを，曲線接点より上方にまで 延長して考えると，接線曲面は，原曲線のところで 鋭いりょう（稜）となっている．そのため 原曲線のことを 接線

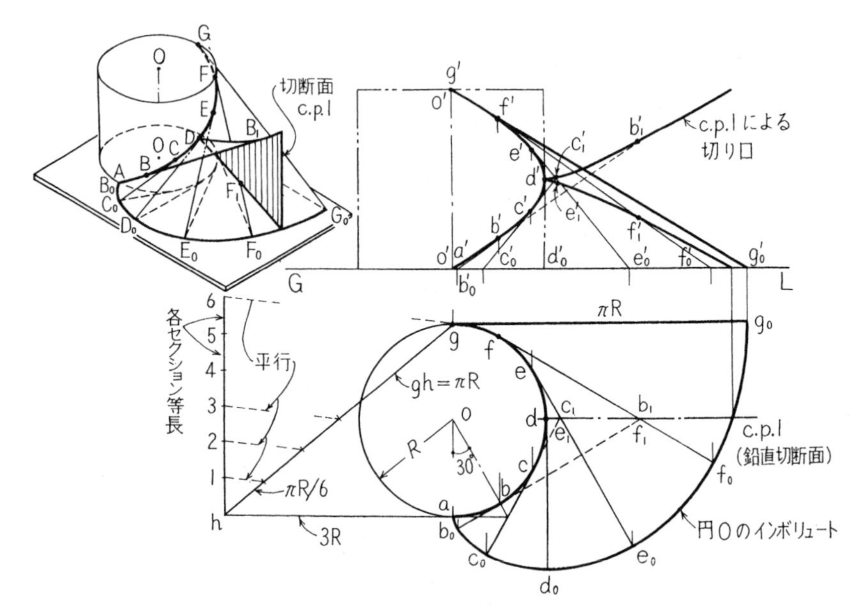

図 6·5　ヘリカル・コンボリュート面

曲面の 反帰曲線とよぶ（図 6·5 での切口参照）.

C. 接平面包絡面

同一平面内にない 二つの曲線に，同時に接する平面の包絡する曲面を，接平面包絡面とよぶことにする. この面も 展開可能である. エレメントは，一つの接平面が 二つの曲面に接する点を 結んだ直線である.

図 6·6 は，直交二平面内にある 二つの円を結ぶ，接平面包絡面を示す.

この面のエレメントは，二底円の平面と 接平面との交わり（跡線）が，二平面の交線上の 切口点から，両底円に引いた接線となることを利用して，定めることができる.

6・3 ねじれ面

直線エレメントをもっているが 上の可展面には入らない曲面は，すべて ねじれ面とよばれる. この種の曲面は 一平面上に展開することはできない. 以下，二・三の例を上げておく.

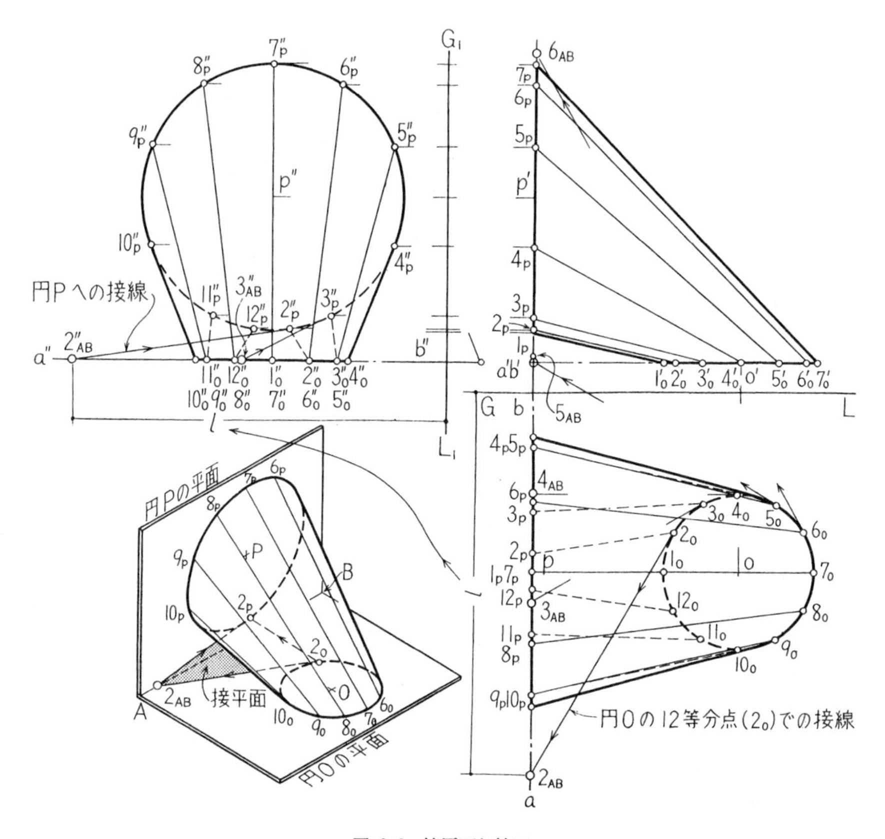

図 6·6 接平面包絡面

A. 双曲放物面

ねじれの位置にある 二本の直線を，定平面（導平面という）に 平行な直線群で結んだときできる曲面を，双曲放物面といい，解析的には，三元二次方程式で 表わされる.

図6·7 のような，ひし(菱)形を 対称にねじった形の ねじれ四辺形を 正面平行方向の直線エレメントで結ぶと 双曲放物面ができる．この曲面上の一点Oを 二本のエレメント (1 2, 3 4) が通っていることが 図からわかるであろう．Oにかぎらず 曲面上のどの点でも 二本のエレメントが通っている.

図の曲面を 水平に切れば 切口は双曲線であり，鉛直に切れば 切口は放物線で

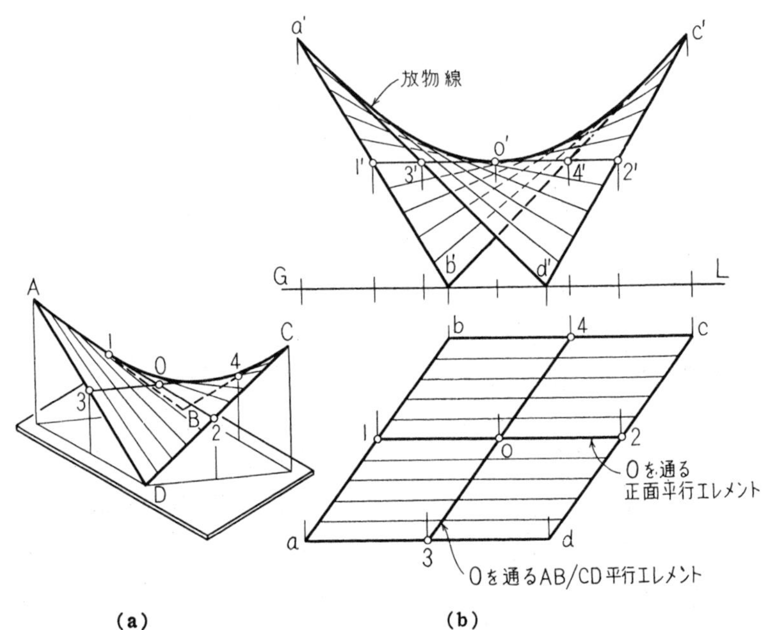

(a)　　　　　　(b)

図 6·7　AB, CD を結ぶ双曲放物面.

ある(図の 1 2, 3 4 は双曲線の漸近線となる).

最近，建築物の屋根にこの曲面の使われている例がある.

B. 単葉双曲回転面

ねじれ二直線の，一方を軸として他方を回転したときの軌跡面は，図 6·8 のような鼓形となる．この面の輪郭は双曲線であるので，この名がある.

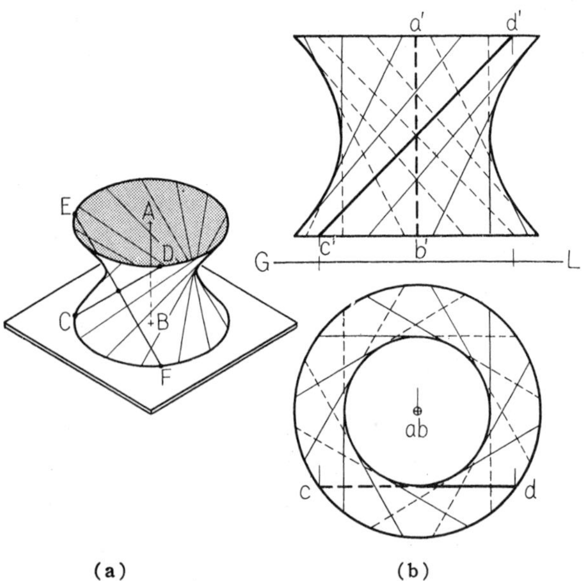

(a)　　　　　　(b)

図 6·8　AB のまわりに CD を回転した単葉双曲回転面.

単葉双曲回転面も，対称な回転直線を考えると，一点を通るエレメントは 二本あることがわかる（CD と EF）．

二つの単葉双曲回転面の転がり接触　共通垂線をもつ 三本のねじれ直線があるとき，両外側の二本をそれぞれ軸として 中間の直線を回転すると，二つの単葉双曲回転面ができる（図 6·9）．

このような関係位置にあるとき，両曲面は 転がり接触をしていて，一方の双曲面を回転すると，他方は それにつれて回される．

回転比は 直線間の距離・角度によってきまる．

第一軸と共有エレメントとの 距離を a，角度を α，第二軸と共有エレメントとの 距離を b，角度を β とすると，角回転速度 ω_1，ω_2 の比は

$$\omega_1 : \omega_2 = \mathrm{b}\cos\beta : \mathrm{a}\cos\alpha$$

となる．

回転軸が定まり，回転比を与えられたとき，a，b を定めれば α，β を，α，β を定めれば a，b を，作図でもとめることができる．

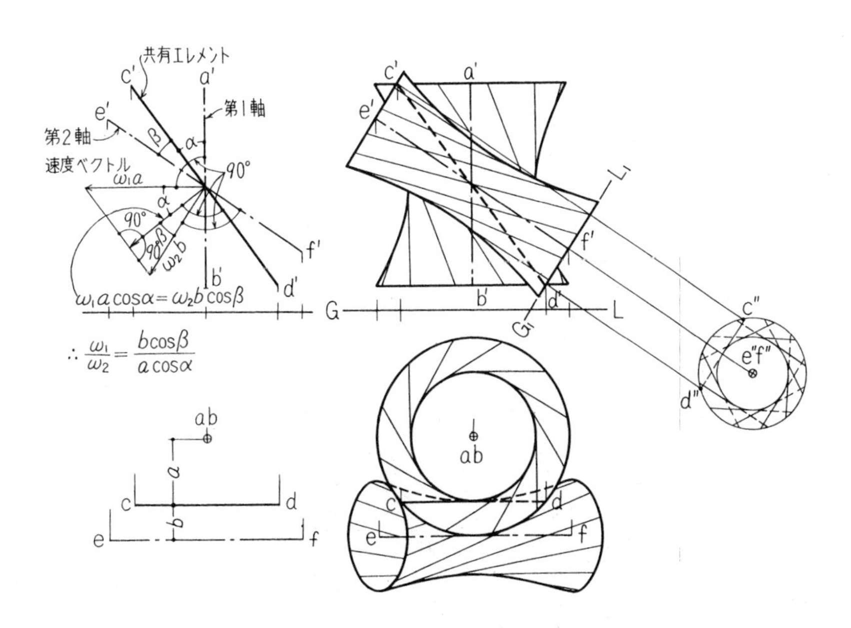

図 6·9　転がり接触をする単葉双曲回転面．

C. ヘリコイド面

定直線に交わる動直線が，定直線のまわりを等角速度で回転しながら軸に沿って等速度で上昇するときできる曲面を，ヘリコイド面という．動直線の先端のえがく曲線はつるまき線である．

一回転に進む軸距離をリード，上昇しながら時計方向に回る面を右回りの面という．

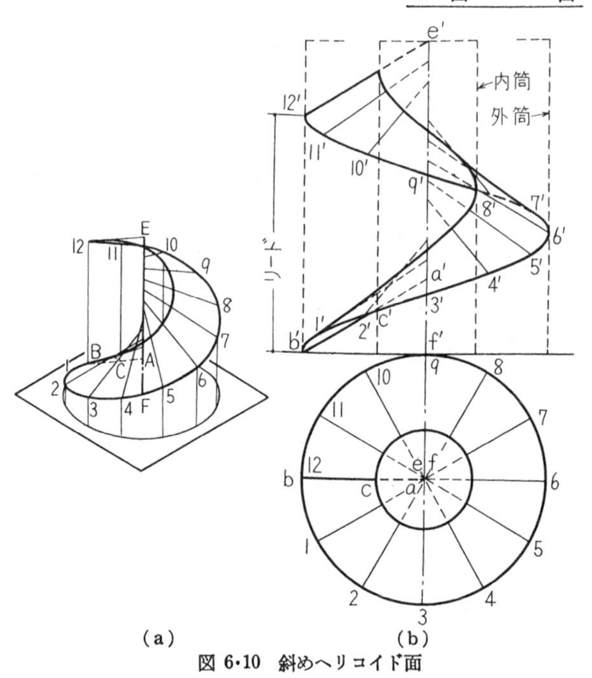

(a) (b)
図 6·10 斜めヘリコイド面

この面は，らせん階段とかねじの面として，広く実用にされている．図6·10にその一例（斜めヘリコイド面・内筒あり）を示す．

D. すい状面

一平面曲線と一直線とを，定平面に平行な直線エレメントで結んだときできる曲面を，すい(錐)状面という．

導直線と導平面とが垂

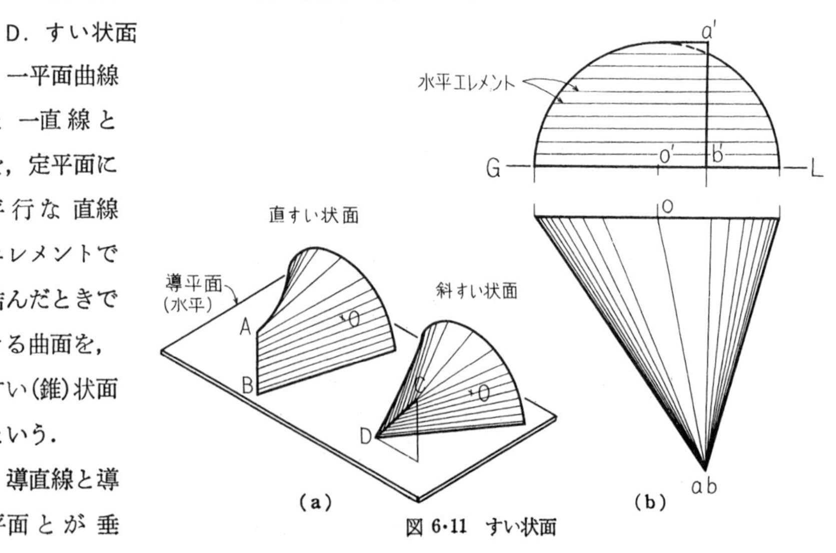

(a) (b)
図 6·11 すい状面

直なとき 直すい状面，斜めなとき 斜すい状面という〔図6・11(b) は 直すい状面の一例〕.

E．柱状面

二つの平面曲線を 定平面に平行な直線エレメントで（ちょうどうまく）つないだ面を柱状面という．図6・12はその一例である．

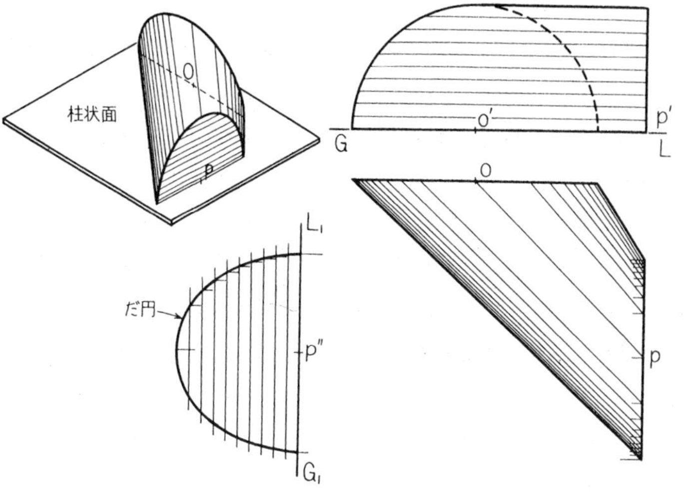

(a)　　(b)

図 6・12　柱状面

すい状面・柱状面は どちらも 開口部をつなぐ部分に 用いられる.

F．牛角面

二つの平行な円と，その中を通る一直線上の点を結んだときできる曲面を 牛角面という．図6・13 にその一例を示す.

6・4 複曲面

直線エレメントをもたない曲面を複曲面という．そのうち，ここでは，

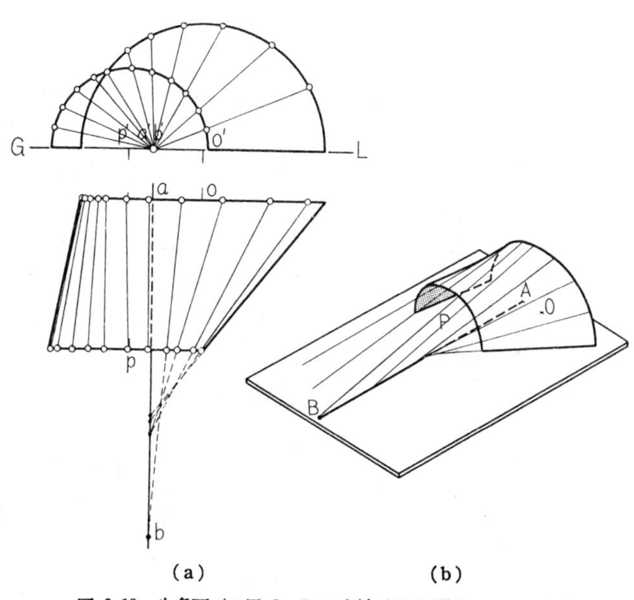

(a)　　(b)

図 6・13　牛角面（二円 O，P と直線 AB を通るエレメント.）

球・円弧回転面を，代表として 取りあげることにする.

A. 球　　面

球面は，すでに知っているように，基本的な立体面として 作図手段にも使われている.

球面への接平面は 半径に垂直で，直線視図では ちょうど 球の投影の円への 接線となる.

一点を通る 球への接平面は，その点を頂点とし 球を包む 直円すい面に接する. この性質を 逆に使って 円すいの問題 （とくに 軌跡円すいに接する条件の問題）を 球への接平面に おきかえて考えることがある.

直線を含んで球に接する平面　この例題は つぎの各問題を解く 基本となる手法である.

（1） 底を与えられていない 斜め軸の直円すい面に，与点を通って 接平面を作ること（与点と頂点を結ぶ 直線と，内接球）.

（2） 内接球を共有する 二直円すいの 共通接平面を作ること （二頂点を結ぶ直線と，共有内接球）.

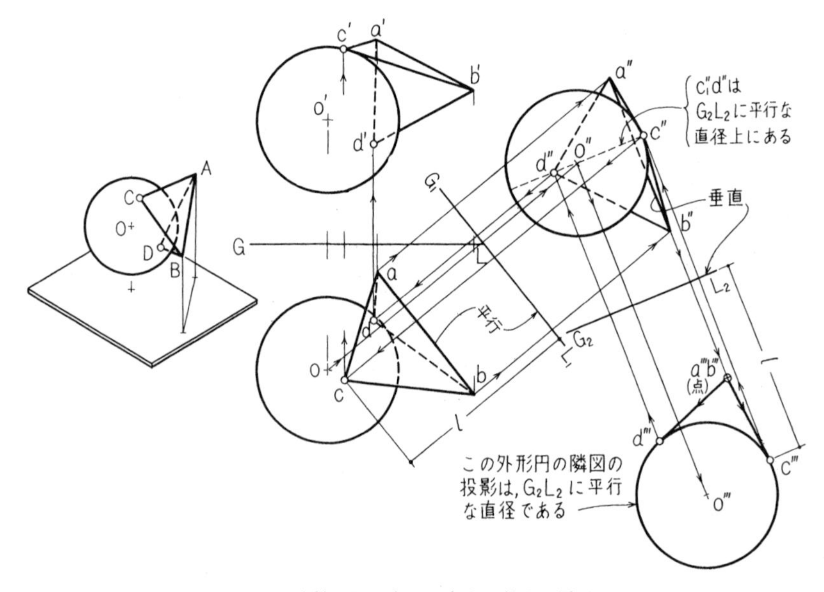

図 6·14　直線 AB を含んで球 O に接する平面.

（3） 頂点を共有する 二直円すいの 共通接平面を作ること(共有頂点を通って，二円すいの同大の内接球中心を結ぶ直線に平行な 直線と，内接球)．

（4） 以上に帰着できる 諸問題．

作図は，図6·14 のように， 与直線を点視する図を作れば 接平面は 直線視され，球の投影円への 接線となる．この接点を定め，主投影図までもどせばよい．

二平面とそれぞれ与角をなす平面　前項(3)に属する問題を，前項と別の方法で解いてみよう．いま，図6·15に示すように，水平平面ABCDと斜平面EFCBとがある．与点Pを通って，これら二平面とそれぞれ75°，60°をなす平面を作ることを考える．

解は，Pを頂点とし，それぞれの平面に垂直な軸をもつ底角75°，60°の二円すいの共通接平面である．ここで，斜めの円すいの内接球の一つ，球Oを作り，これを包絡し鉛直軸（第一の円すい軸に平行）をもつ底角75°の円すいを作ると，第一，第三の円すいは平行同形なので，両頂点と底円の共通接線とによって定まる共通接平面をもつ．

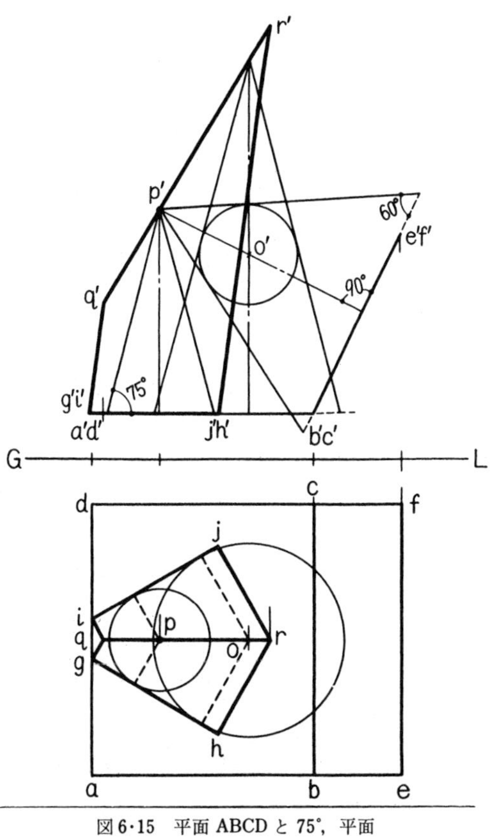

図6·15　平面ABCDと75°，平面EFCBと60°をなす平面．

この共通接平面は，第二の斜め円すいの頂点Pを通り，その内接球Oに接するから，第二円すいにも接し，したがって解である．

B．円弧回転面

円弧回転面も すでにいくつか 取り扱っているので 基本的なことは 省略する．

円弧回転面への 接平面は，一般には 法線に垂直に作る．法線は 内接球半径方向である．内接球中心は，軸を含む断面（正面平行平面）で プロファイル中心 X と 内接球接触点 Y（接触円エレメントの切口）とを結んだ半径 XY が 軸と交わる点 P である（図 6･16）．

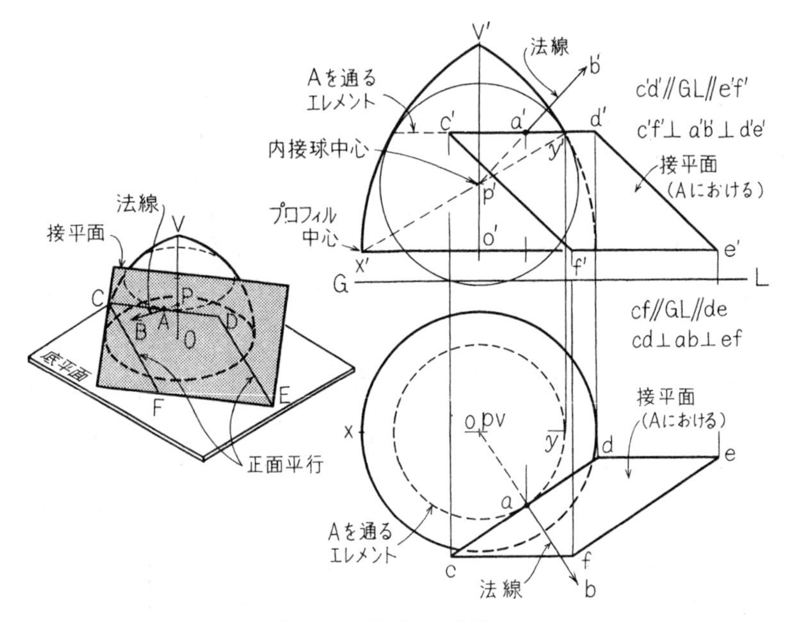

図 6･16　円弧回転面の接平面．

斜め軸円弧回転面の投影　円弧回転面を，斜め方向から 投射した図では，輪郭線は 円弧ではない 高次の曲線となる．

この輪郭線を定めるには，回転面の 円エレメント 一つずつの輪郭点を，そのエレメントで接触する 内接球の 見える限界（大円）との交わりから定める方法による．

図 6･17の場合，エレメント円 Q で接触する 内接球 P の 平面図での見える境界の大円は 正面図では 基線平行直径として 投影されている．この直径と エレメント Q との交点 b′，c′ が 輪郭点で，これを 内接球大円（平面図）に対応させた b，c が その平面図である．

同様の作図を続ければ 図のような 平面図輪郭をえがくことができる．

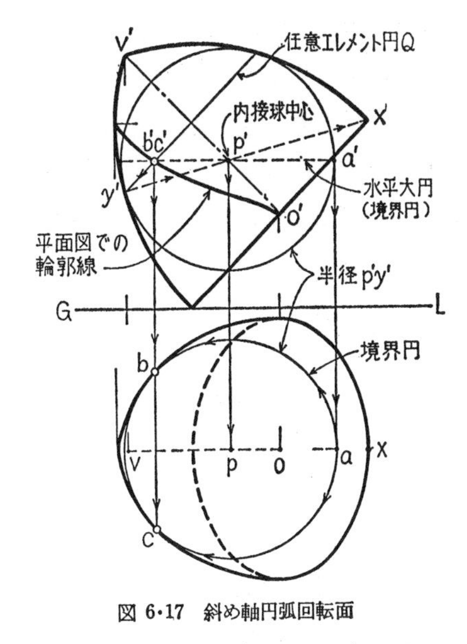

図 6・17　斜め軸円弧回転面

C. 曲面の相接

水平面上にあって相接する三つの球　水平面上二つの球A, Bが図6・18のように与えられているとき，これら二つに接する半径R_3の球Cをもとめることを考えてみよう．球Cも同じ水平面上にある．したがって，球Cの中心は水平面上Rの距離にある平行平面上，AからR_1+R_3（R_1は球Aの半径），BからR_2+R_3（R_2は球Bの半径）のところにある．図3・3の方法でこの点を定めれば，これが解の球Cの中心となる．点Cを中心とする半径R_3の球（投影は円）が解である．

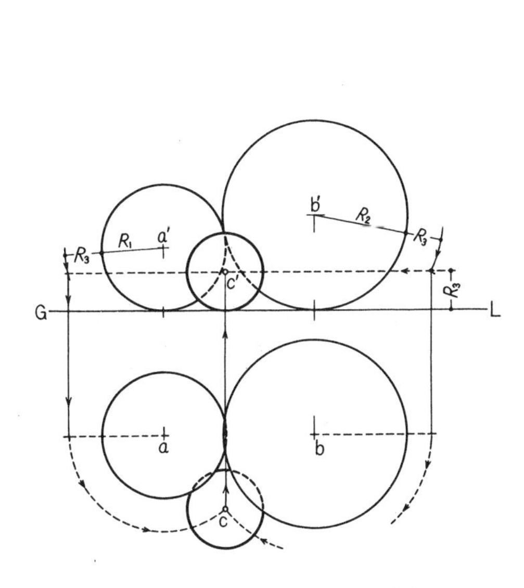

図6・18　水平面上にある三つの球の相接．

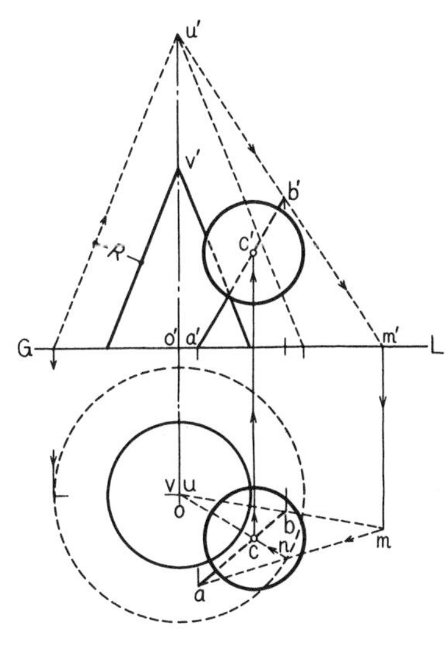

図6・19　AB上に中心をもち，直立円すいvoに接する，半径Rの球．

与直線上に中心をもち，与円すいに接する球　直線ABの上に中心があって，与円すいv－oに接する，半径Rの球を作る．解の球の中心は，円すいv－oの表面から垂直（法線方向）にRだけ離れたところにある．この軌跡は，与円すいを法線方向にRだけふくらませた円すいである（図でU－O)．このふくらませ円すいと直線ABとの交点が解の球の中心Cである（図4·8の方法)．

Cを中心に半径Rの球をえがけば解である．

7. 展　開　図

7・1　展開図と測地線

立体の表面を，大きさを変えずに（面上の線の長さを変えずに）一平面上にうつすことを，展開するといい，出来上がった図を **展開図** という．

立体の面に沿った 最短距離線を **測地線** という． 測地線は 展開図で 直線となる．

曲面のうち，理論的に 展開可能な面は，前にのべた，可展面だけである．他のねじれ面，複曲面の展開図を 作る必要のあるときは，それらの小部分を，平面 または 可展面の一部分で 近似させて展開し，つなぎ合わせる．

7・2　平行展開法——柱面の展開

柱面は，近接した 二つのエレメントにかこまれた 細長い平行四辺形（または台形）の集合と考えて，ちょうど 巻いた紙をのばすように 展開する．

展開図の作図法は，一般には，エレメント実長を表わす図を作り，一エレメントに沿って 側面を切り， エレメントを軸に 単位平行四辺形を 切口のところから順に 実形を表わすまで回軸する．

展開の方向は エレメントの実長図に 垂直な方向となる．これを 展開方向線 とよぶ．

角柱の側面の展開

作図の基本形を示すために 角柱を上の方法で 展開してみよう．

図7・1 の，四角柱は 直立しているから， 側りょう（稜）は 正面図で実長である．

展開方向線は， これらに垂直で 正面図で基線平行方向である． 側りょうの間隔

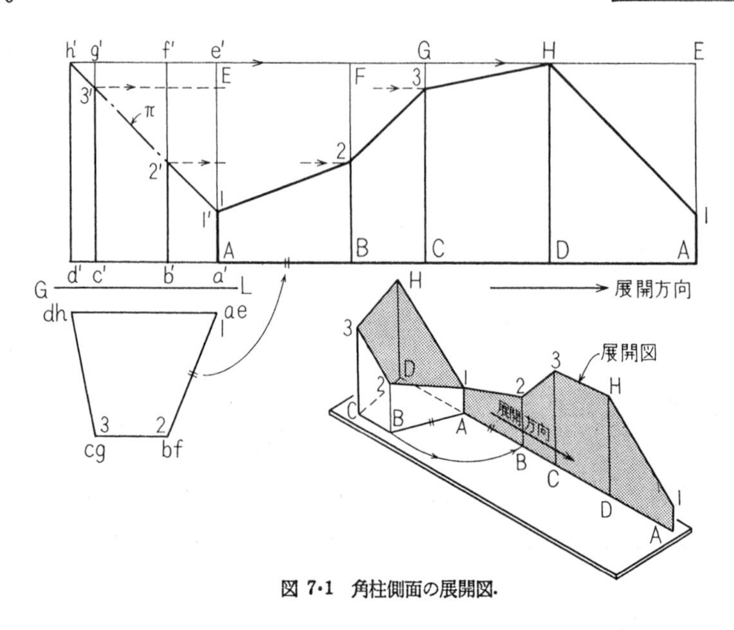

図 7·1　角柱側面の展開図.

は，平面図から 底辺の実長をうつす.

上部を 平面 π で切り取ったとすれば，残りの部分の 展開図は，各側りょうの展開図の上に 切口実長を取って，図のようになる.

斜円柱の側面の展開

図7·2 の，正面図のエレメントは 実長である． したがって 展開方向線は それに垂直に（斜め上向きに）なる.

エレメント1に沿って 側面を切って，これを軸に 面をひらくと，面上のすべての点は，正面図で 切口エレメントに垂直に （展開方向線に平行に） 移動する（作図用エレメントは 底円12等分点を通るものを取る).

ここで， 各エレメントの間の間隔を 底面上の点の 実距離で定めれば 展開図ができる．すなわち 各エレメントの底円上の点の正面図から それらの 移動軌跡を展開方向に作り，これを 切口エレメント 1 から順に，底円の 弦 の長さで切って行く（弦の長さを取れば 当然誤差が出るが 充分細かく分割すれば これを無視することができる).

展開図の 上下の縁は，なめらかな曲線で結んでおく（正弦的曲線となる).

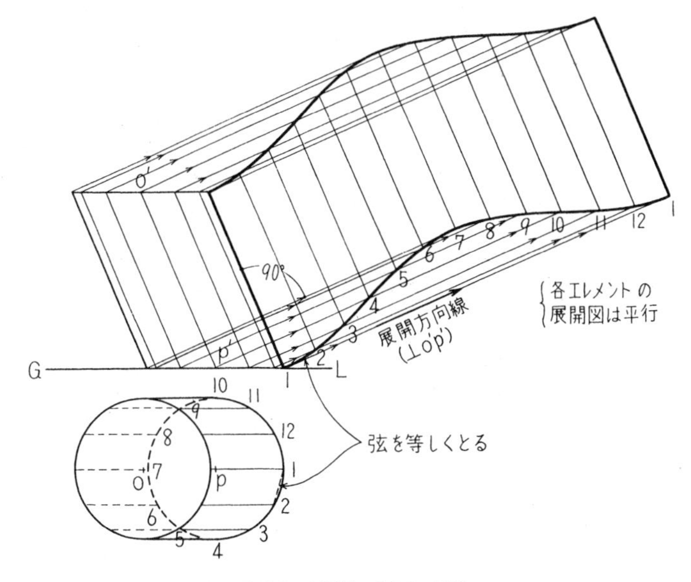

図 7·2 斜円柱の側面の展開.

7・3 扇形展開法――すい面の展開

すい(錐)は エレメントに沿って 分割して考えると 頂点を共有する三角形群である. これを 共有頂点を中心に 展開すると, 扇形となる.

展開法は, 一般には 各エレメントの実長を まとめて (頂点を通る鉛直軸で回転して) 作図し, これと 底面の分割弦長とで 単位三角形を作り 順次 (頂点を共有するように) つないで行く.

斜角すいの側面の展開

この種の 作図の基本として, 角すいの展開を 図7·3 (a) に示す.

各側りょう(稜)の実長は 回転法によって まとめて作図し, $v'a_1'$, $v'b_1'$, $v'c_1'$ となる.

展開図は, 側りょうのうち最も長い $v'a_1'$ から始め その外側にえがく. 側面三角形 VAC, VCB, ……の実形を 順次作図し, V を中心に 放射状に配置する.

直立円すい面の展開

直立円すい面のエレメントは みな 等長であるから その展開図は 円の一部の

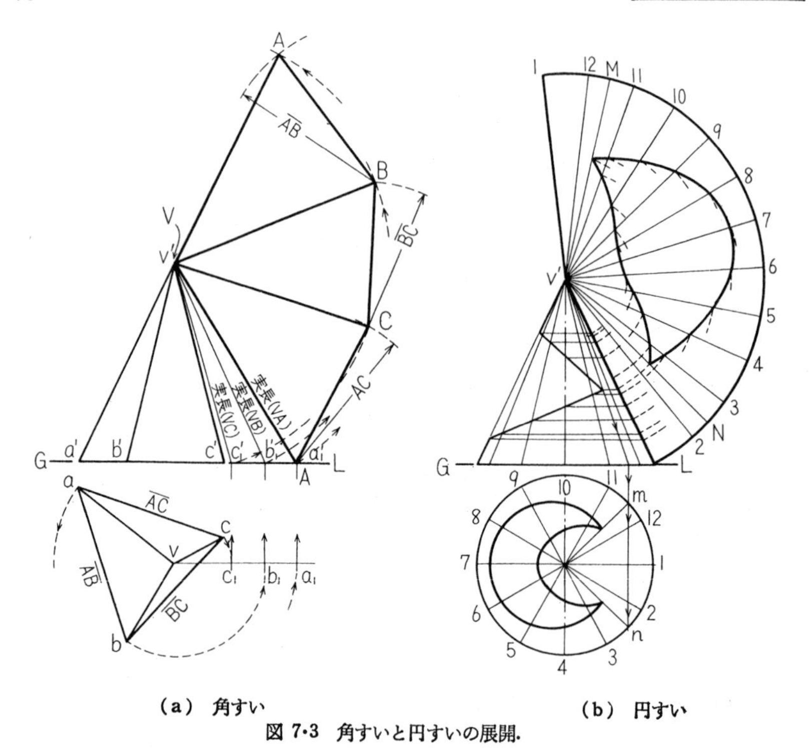

（a） 角すい　　　　（b） 円すい

図 7·3　角すいと円すいの展開.

扇形となる.

円すい面の一部が 図7·3(b)のように 切れているときは, エレメントの切口までの実長を （正面図で 実長の表われている エレメント上に 対応させて） 作図して, 展開図での 切口を定める.

図では エレメントは 底円12等分点を通るように取り, さらに 切断面の端を通るエレメント （VM, VN） を取って, 切口の端をもとめた （このような 特殊点の作図は 必ずもとめるようにせよ）.

7・4　三角形法——接線曲面・接平面包絡面の展開

接線曲面・接平面包絡面は 理論上 展開可能な面であり, 微小な距離にある 二エレメントにはさまれる部分は, 四辺形と考えられる.

展開の作図は, この 単位四辺形を 対角線で 二つの三角形に分け, 各辺の実長

をもとめて 実形を作り，つなぎ合わせる.

このとき 三角形は 互い違いの向き であって 面に沿って 同じ方向に 折れた形となっている.

接平面包絡面の展開

図6･6 で作った 接平面包絡面を 展開してみよう（図7･4).

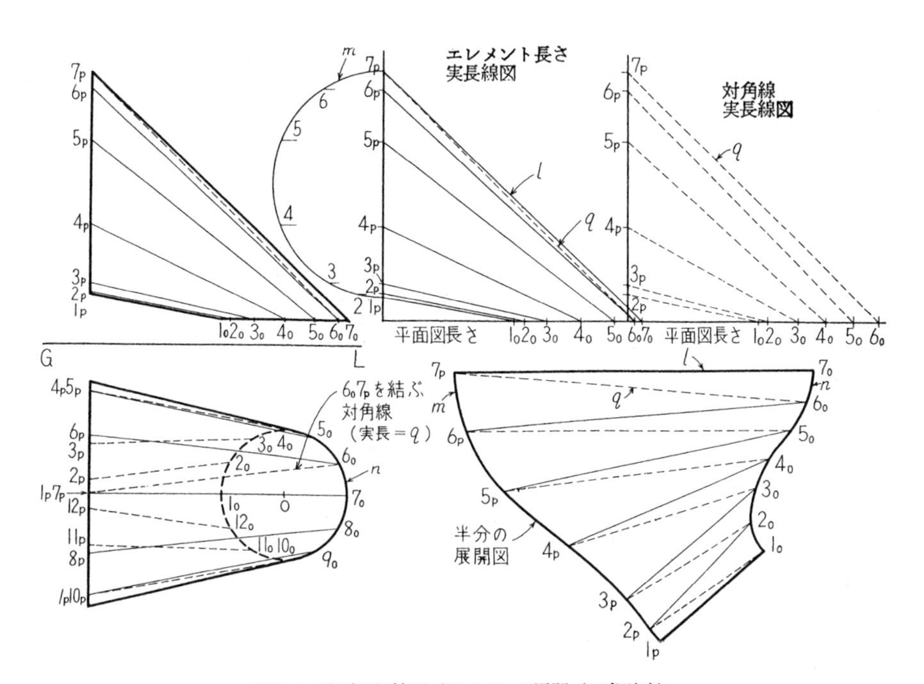

図 7･4 接平面包絡面（図 6･6）の展開（三角形法).

隣り合った 二つのエレメントと 原曲線の一部でできる 四辺形を，図のように対角線で区切って 二つの三角形とし，その実形をつなぎ合わせる.

各エレメント，各対角線の実長は，図のように，縦に 正面図の高さの差，横に平面図の長さを取った 線図を作り これを結べば 実長となるから，全エレメント，全対角線の実長を， 一つの線図で まとめて 作図できる. この線図を 実長線図とよび， バラバラの向きを向いた 多数の線分の実長を， まとめてもとめるときに使われる.

7・5　近似展開法

A. 三角形近似法

ねじれ面を 展開しようとするときには，前節と同じように，二本の隣接エレメントに はさまれた 四辺形の部分を，対角線で 二つに割って，三角形として 展開する．

この 単位四辺形は ねじれ四辺形で，これを 二つの三角形に分けて考えたとき，三角形の折れかたは 順次別方向で，ちょうど 扇の紙のようになる．

したがって，ねじれの度の強いねじれ面を エレメントに 沿って 細長く分割することは，誤差が大きくなりすぎて 無理なので，そのようなときには 短い小さな曲面片に分けて 考えなければならない．

柱状面の展開　図6・12の 柱状面の近似展開を 上の方法で作ってみよう．

図7・5にあるように 作図法は 前節と同様である．

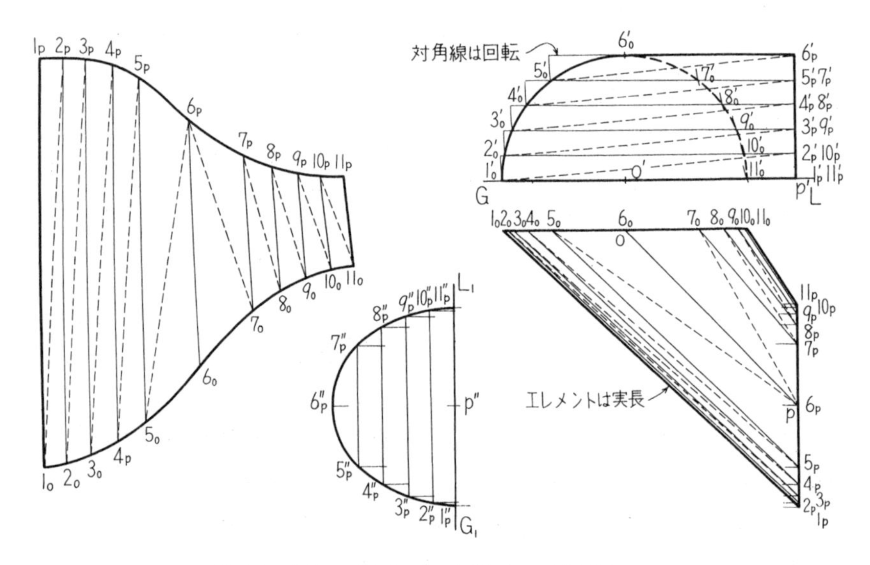

図 7・5　柱状面（図 6・12）の展開（三角形近似法）．

B. 可展面近似法——球面の展開

複曲面，とくに 回転面は，そのエレメントにはさまれた 小部分を 可展面の一部と考えて，前節までの方法で展開すると，簡単で，しかも よい近似が得られることが多い．例として 球面の展開を考えてみよう．最近 ガスタンクなど 球形の構造物も 見られるようになったので 実用面でも 意味のあることである．

すい面近似法　球面を 等角間隔の 緯度線・経度線で 区切って考える．

いま，緯度線に注目して，二つの緯線で区切られる 帯状の部分を考えると，これは 二つの緯線を通る 直円すい面の一部で 近似することができる．

この部分の展開図は図7·6(a)のように，同心の弧にかこまれた帯状部分である（半径は 近似円すいの エレメント長さ，弧の長さは 緯円周——経線によって分割された弦の長さを うつす）．

極に 近いほうから順次 近似円すいを作って 展開して行くと，図7·6(a)のようになる．

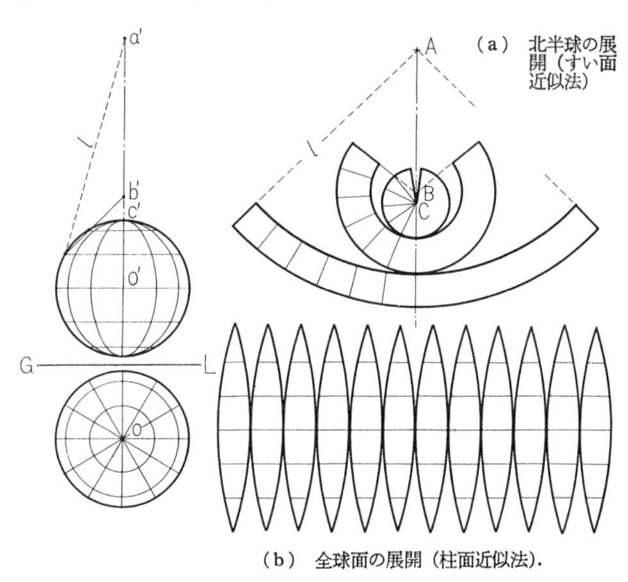

(a) 北半球の展開（すい面近似法）

(b) 全球面の展開（柱面近似法）．

図 7·6　球面の展開（可展面近似法）．

柱面近似法　今度は 経度線で分割して考える．この部分は 両経線を含む 横向きの 柱面で 近似できる．

近似柱面は 斜円柱である．展開図は 図7·6(b)のように 長さが 斜円柱周，幅が 緯円周を それぞれ等分した長さの 細長い紡すい(錐)形の切片を つないだものとなる．縁の曲線は 正弦曲線の一部である．

実用のものは この方法か，これを 等緯度線で切った 切片をつなぎ合わせたものが 多い．

8. 各種投影法

ここまでは，立体の性質を 図で表現するのに 最も一般的な 複面投影法と 軸測投影法とを 用いて説明してきた．

しかし 実用面では 目的によっては 他の投影法も 使われている． そこで ここで それらのうちで応用の広い，標高投影法，透視投影法，立体（ステレオグラフ）投影法の 基礎を紹介しておく． これらを 実際に応用する 具体的な手法・技法については 特殊にすぎ 本書の範囲を超えるので それぞれの専門書を参照されたい．

8・1 標高投影法

標高投影法とは， 複面投影図の 平面図にあたる 水平平面への直投影図に 各点の高さを 数字・等高線などで記入して 一つの図で 各点の三つの直交座標を示す投影法である．

狭い範囲の（大縮尺の）地形図は この方法によったものが多い．

直線・平面

直線は 両端の高さを 数字で指示して表わす(図 8・1)．

平面は 平行等間隔の 等高線で表現される．

また 等高線に垂直な向きに 直線を引き 高さの目盛を入れると，この線は 平面の最大傾斜線を表わし， これだけで 平面を代表させることができる． これを平面の **こう(勾)配尺** という． こう配尺は一般の直線と区別するために 上りこう配左側に 太い線を入れる．

与えられた水平傾角の平面

水平傾角を 指定された平面は，与えられた角を底角とする 直立円すい(錐)に接する平面として定める.

例として 与直線 AB ($a_0 b_4$) を含み こう配 2/3 の平面を作ってみよう (図8•2).

こう配2/3のエレメントをもつ 直立円すいの 底円半径は 高さの 3/2倍である.

いま, b_4 を頂点とすれば高さ0での底円は b_4 を中心とする 半径6の 円 であり, a_0 から 底円への接線 a_0c_0 が 解平面の 0 レベルの等高線である. こう配尺は これに垂直に, b_4 からの 等高線 (a_0c_0 に平行) との 交点を 4のレベルとし 途中を4等分して 定められる.

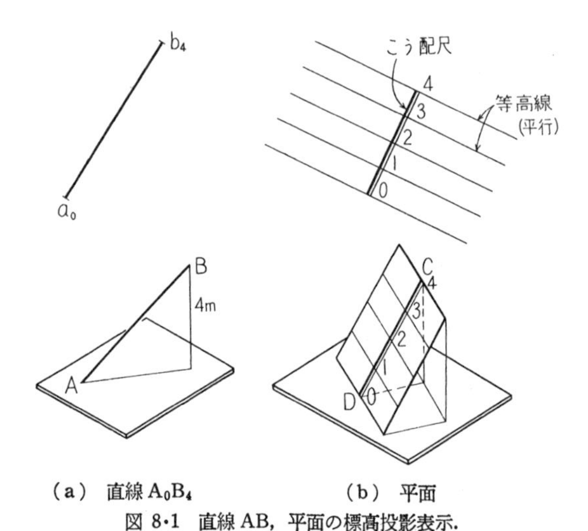

(a) 直線 A_0B_4　　(b) 平面

図 8•1 直線 AB, 平面の標高投影表示.

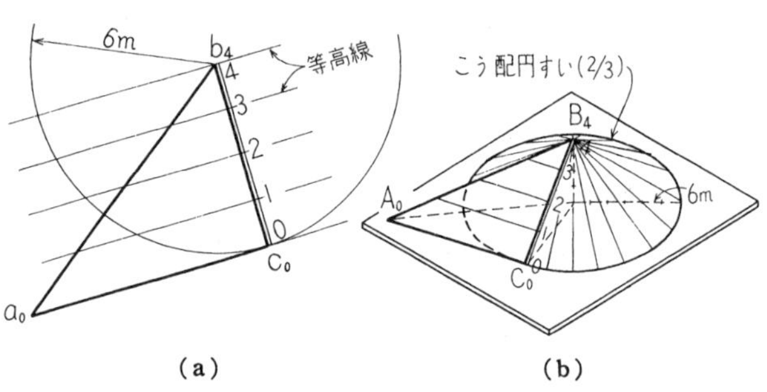

(a)　　(b)

図 8•2 与傾角の平面 (標高投影).

平面の傾角を定める直立円すいは, 後にのべる 土切り, 土盛りの作図の際に 基本的手法として 用いられ, **こう配円すい** とよばれる.

地形図・定こう配線

地形のような 複雑な曲面を 等高線で表わした図を 地形図 という.

地表面の 一定こう配の線は 隣り合った等高線を結ぶ距離が 一定長さである線である (図 8•3). これを **定こう配線** という.

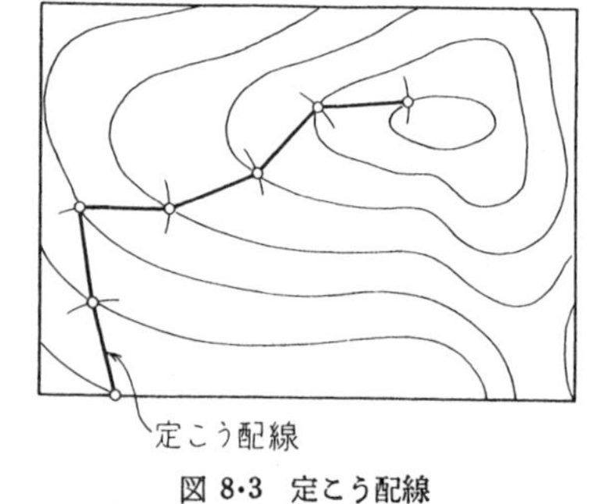

図 8•3 定こう配線

水平な道路の両側の土切り・土盛り

道路を通すためには，地形にしたがって 切り開いたり 土盛りしたり しなければならない．これを 土切り・土盛りという．

土切り・土盛りは 一定水平傾角の斜面（道路が直線なら平面）とする． そのこう配は 土質によって定めるが，一般には ²/₃ くらいである．

直線道路の両側の土手は，図 8•4 (a) のように，等高線が 高さの 1.5 倍の水平間隔である平面となる（土切り・土盛りとも作図は同じ.）.

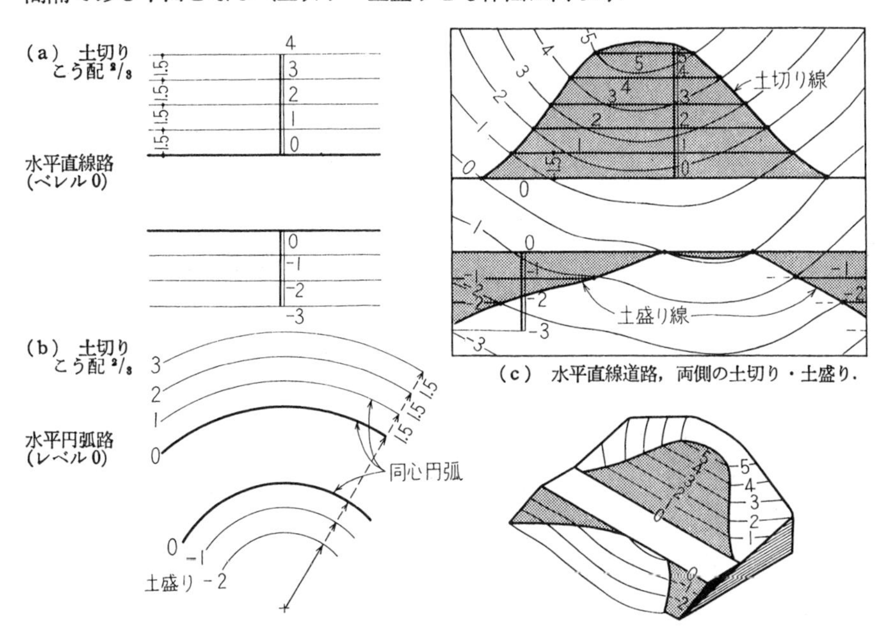

図 8•4 水平な道路の両側の土切り・土盛り.

円弧道路では，曲率の半径方向に 上と同じ等高線間隔である 同心円の等高線をもつ すい(錐)面土手となる〔図 8•4 (b)〕.

地形図の中に これらを書き込むと 図 8•4(c)のようになる.

土手の等高線と 地形図の同レベルの等高線の交わりを 連ねた線が，土切り線，土盛り線である.

こう配をもつ道路の両側の土切り・土盛り

一定こう配の 直線道路の両側に こう配 ²/₃ の土手を作る作図は，図 8•5(a)のよ

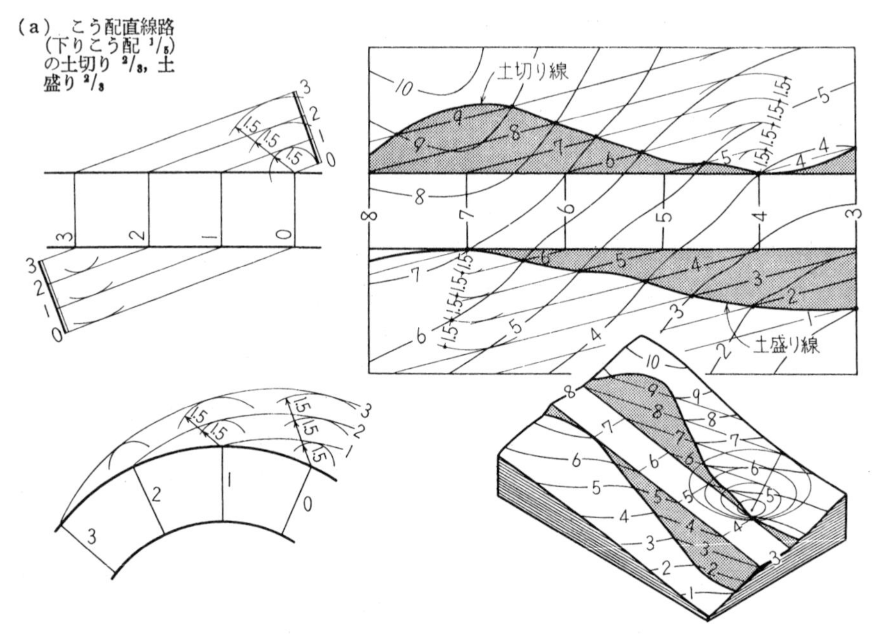

(a) こう配直線路（下りこう配 1/5）の土切り 2/3，土盛り 2/3

(b) こう配円弧路の土切り 2/3.　　(c) こう配直線道路(15%)の両側の土切り・土盛り.

図 8•5　こう配道路の両側の土切り・土盛り.

うに，あるレベルの点を中心に こう配円すいの各レベルごとの底円（単位半径 r は 等高線高さの1.5倍）を 必要数（土切り・土盛りの及ぶ範囲）えがいて，これらに対応する 道路上の等高点から 接線を引いたものが 土手の等高線である.

曲線道路の場合は，図8•5 (b)のように それぞれ 同一レベルのこう配円すい底円を包絡する曲線が，土手の等高線である.

地形図の中に，これらを書きこむと 図8•5(c) のようになる.

8・2 透視投影法

透視投影法というのは，一定点を通る 放射状の投射線で，物体の像を 定平面上に投影する方法である.

いままでのべてきた 平行投影法とは違って

(1) 近いものは大きく，遠いものは小さく投影される.

(2) 平行直線群は 一点に集まるように投影される. この点を その平行直線の

消点といい，直線の無限遠点の投影に当たる．その投射線は 直線に平行である．

（3） 線分の内外分比・平行直線の長さの比も，投影によって変化する．

透 視 図

透視投影法によってえがいた図を **透視図** という．

透視図は，目で見た感じに 最も近い投影図であるので，建造物などの 説明用の図として しばしば用いられる． このような応用面から 透視図をえがく際の 実用的用語が 一般に用いられている．すなわち，投影中心は **視点**（S），投影面は 一般には 鉛直において **画面** （P—P）， 視点から 画面に下ろした垂線の足を **視心** (Cv)，視点を通る 水平平面を **地平面**，これと 画面との交線を **地平線** (H—L) とよぶ (図 8•6)．

一般に， 物体は 画面の向こう側において， 視点から 画面を透して 物体を視る形にする．

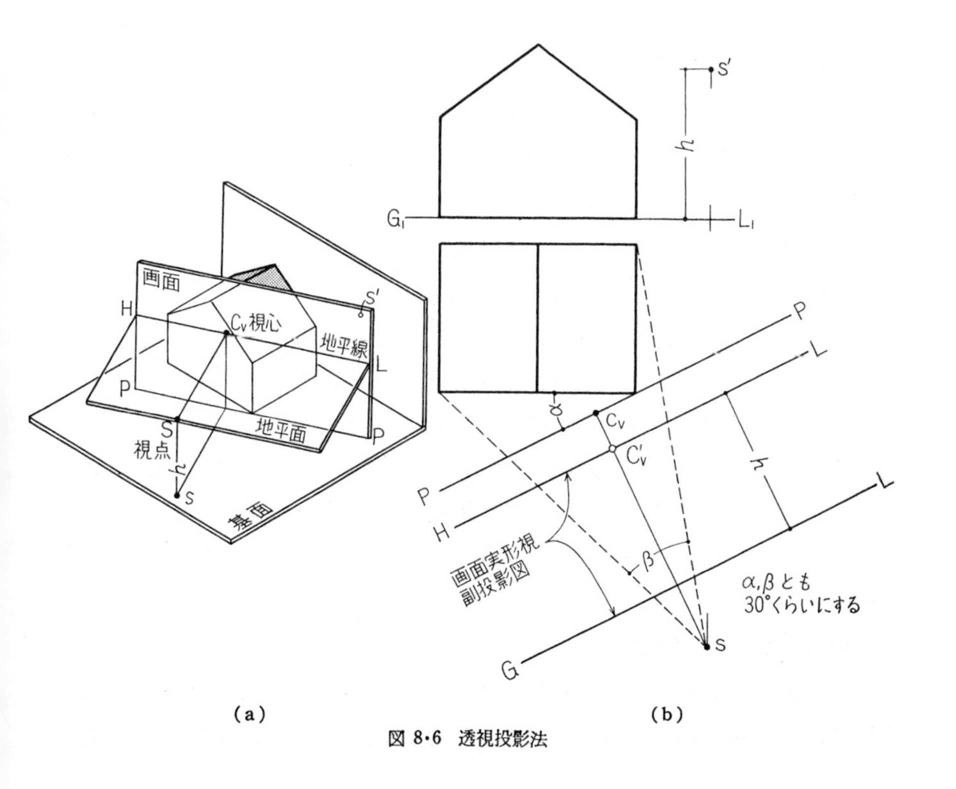

図 8•6 透視投影法

透視図の作図の際の配置

透視図をえがくには, 物体・視点・画面の位置を 複面投影図で表わして, 透視投影の投射線が 画面を貫く点を作図し, 画面の実形を表わす副投影図を作れば, それが透視図である (図8•6).

画面 (P—P) は 物体に近く, その正面 (主要な面) と30° くらいの角をなすようにするのが一般である (室内などの透視図を作るときには 正面に平行におく).

視点 (S) は, あまり近いと 図が 不自然にひずんでしまう. 遠すぎると 消点などの作図線が 紙面から ハミ出してしまう. 一般には, 物体を見る 視角 (水平角) が30° となる位置を 標準と考えればよいであろう. 実寸の小さいものは 遠方から, 実寸の大きいものは 比較的近くから 見たほうがよい.

基面からの視点の高さは, 建物など実寸法のあるもののときは, 眼の高さ 1.5 m くらいから 3 m くらいの位置におく. 全体を広く見渡す図を作るときは, ずっと高く 10～100 m くらいにすることもある.

視心は, 特別の意図のない限り 物体の中央に近くおく.

透視図をえがく紙は, 長手方向が 画面直線視図 (P—P) 方向になるようにすれば, 出来上がった透視図が 横長の紙上に 上下正しく配置される (そのかわり 複面投影図の基線は 斜めになる).

透視図の作図——直接法

透視図は, 前節の配置で 投射線と画面との交点を定めて えがく. その交点を一つ一つもとめて 透視図をえがく方法を, 直接法という. 図8•7に, 一例を示す.

点Dの透視図は, 視点SとDを結ぶ投射線と 画面との交点を, 平面図で sd と P—P の交点 d_0 として定める. 正面図は s′d′ に対応させた d_0' である.

画面実形視図は G—L を副基線とする (画面 P—P に平行な) 副立面図で (投射方向は透視図と同方向, したがって 配置は画面のほうに倒した形となる), d_0 からの対応線上に d_0' の高さ h_D を (G—L から) 取れば, これが 点Dの透視図 d_P である.

透視図の作図——消点法

平行直線の透視図は, 直線が画面と交わる点 (始点) と 消点 (共通) とを通る直線である. 平行直線群を 構成要素とする立体の透視図は, 消点を利用すると,

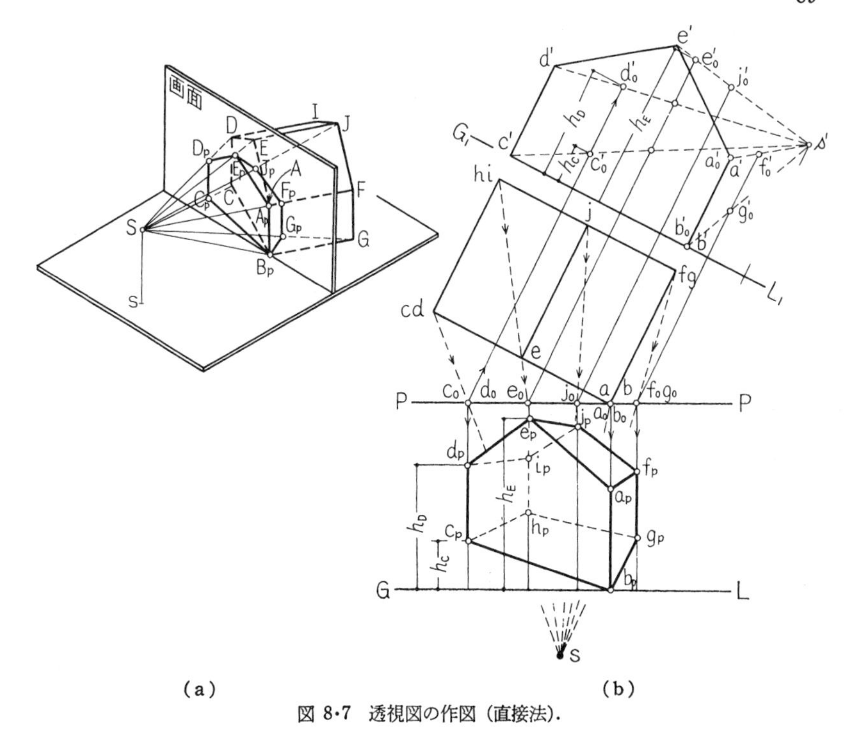

図 8·7　透視図の作図（直接法）.

少ない手数で 正しくえがくことができる．これを 消点法という．

図 8·8 は，前と同じ立体を 消点法でえがいた図である．

りょう(稜)BC に 平行なりょうの消点は，視点 S から BC に平行に引いた投射線が 画面と交わる点 V_{BC} である （s から bc に引いた平行線が P—P と交わる点 v_{bc} をとり， 視点副立面図 C_v から BC の副立面図——水平直線——に， 平行に引いた線——地平線 H—L——の上に対応を取る)．

このように，水平直線の消点は 地平線 H—L 上にある．

各直線の始点を定め（平面図で P—P との交点， 高さは 実高)， それぞれの 消点と結べば，立体の透視図は それらにかこまれた形で 作図できる．

透視図の作図——測点法

透視図中の 水平直線の実長を知るには，図 8·9 のように， 直線の始点 A を頂点とし，直線 (AB) を一等辺，画面の上にある 水平直線(AC)を 他の等辺とする，二等辺三角形を作る．AC 上の点（E）から CB に平行線を引けば， AB と D で交わり，つねに AE＝AD である．

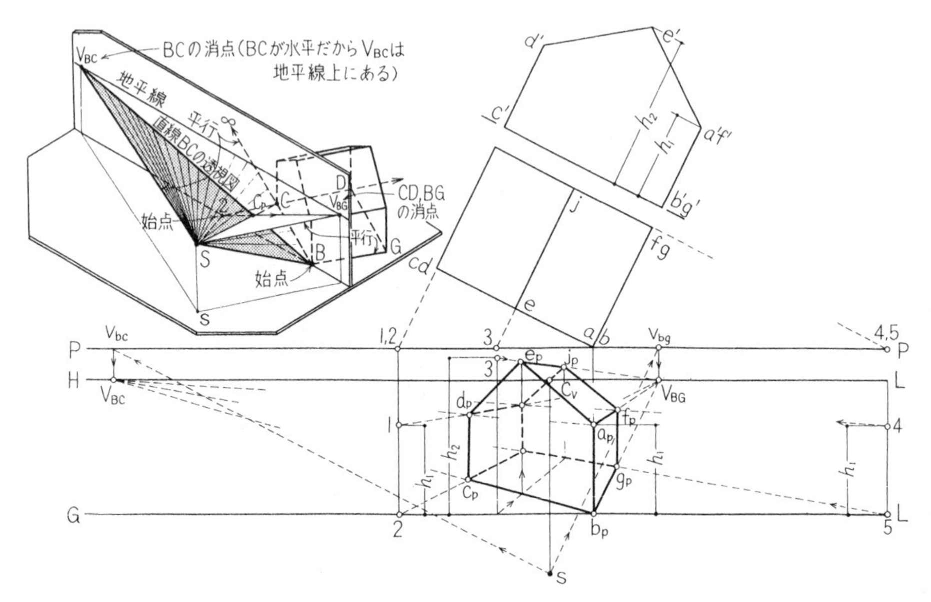

図 8·8 透視図の作図（消点法）．

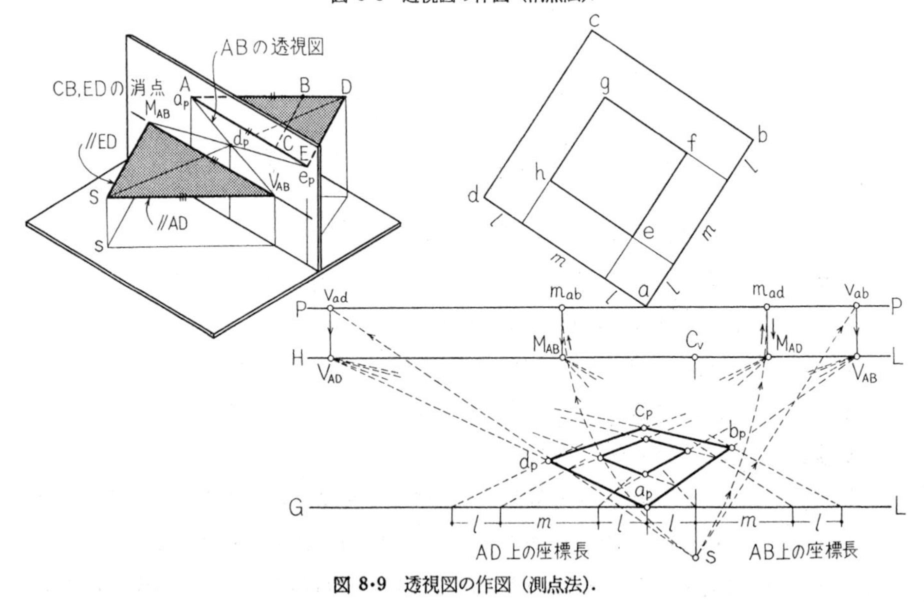

図 8·9 透視図の作図（測点法）．

いま これらの透視図を作ってみると，図のように，BC, DE は 消点 M_{AB} に集まるように 投影される． AE＝AD である 点 D の透視図 d_p は， 直線 AB と直線 DE の透視図の交点だから，a_pV_{AB} と e_pM_{AB} の交点である（a_p, e_p は画面上の点，したがって a_pe_p＝AE＝AD）．すなわち M_{AB} と AB の透視図上の一点とを結んで AB の始点 a_p を通る水平直線 a_pe_p と交わらせると その長さが A から透視図上の点までの実長である．逆に a_pe_p 上に長さを目盛って 透視図をその長さに切ることもできる．

ここで，△ADE と △$SV_{AB}M_{AB}$ は 各辺平行だから 相似である．したがって

$$SV_{AB}=V_{AB}M_{AB}$$

である．この関係から M_{AB} は直接作図される．

このような点 M_{AB} を 測点とよぶ． 測点を使って 水平な図形の透視図を作った例を，図 8•9 に示す．

斜め直線の消点・測点

水平でない直線の消点は，図 8•10 にあるように， s から平面図平行線を引いて

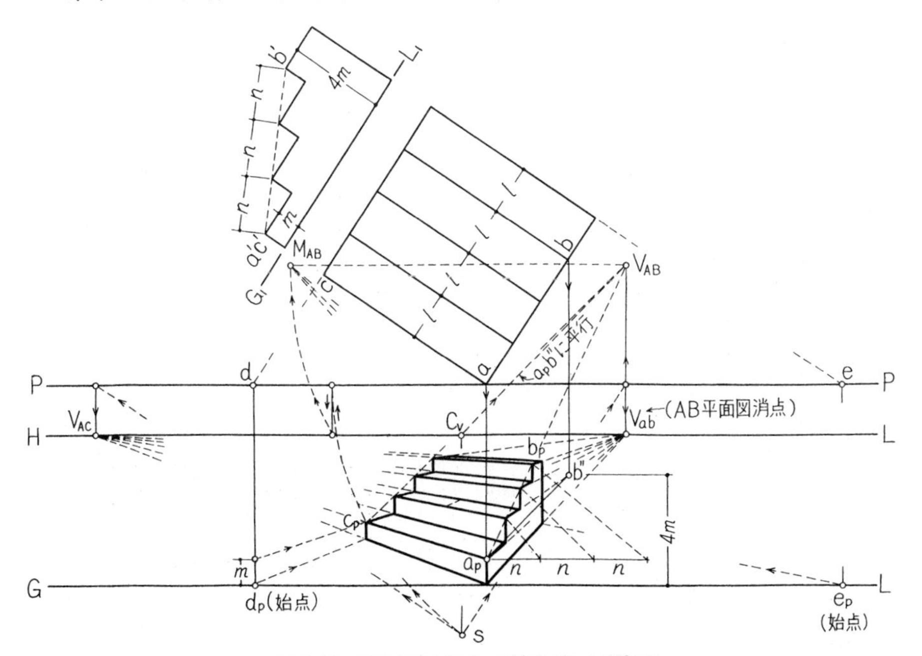

図 8•10 斜め直線の消点・測点を用いた透視図．

画面P—Pを交わらせ，Cvから直線の副立面図（画面実形図）に平行に引いた直線上に対応させた点である．

測点は，消点 V_{AB} から視点Sまでの実距離を，V_{AB} から水平に取った点である．$\overline{V_{AB}S}$ の実長は，図のように回転でもとまる．この長さを，V_{AB} から引いた水平直線上に取れば，測点 M_{AB} である．

実長を示す直線は，ABの始点 a_p から，$V_{AB}M_{AB}$ に逆方向に水平に引いた直線で，その上に実長nをとり，それらの各点を M_{AB} と結べばよい．

消点・測点がきまれば，作図は水平直線のときと同じである．

画面平行に正面をおいた透視図

室内の透視図は，正面を画面平行においたほうがわかりやすい．

このとき，画面平行平面の図形の透視図は原形と相似形となる．

画面垂直方向の直線の消点は，視心Cvである．また，その測点は，二等辺三角形の底辺が水平45°（画面と）となるから，sからP—Pまでの距離（一般に立体の幅の1.5倍または2倍とする．）に等しく，Cvの左右（地平線上）に取った点，M_1，M_2 である（この点を距離点とよぶことがある）．

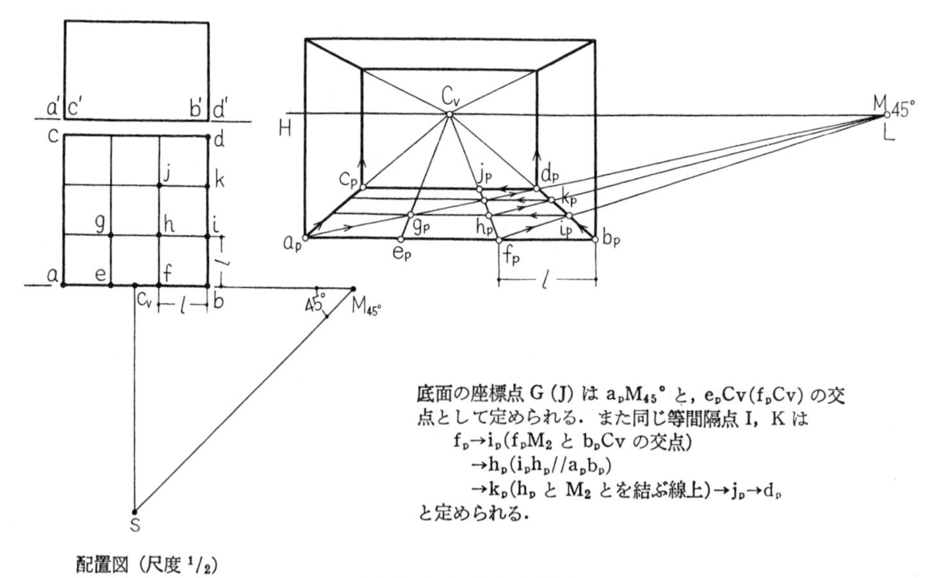

配置図（尺度 1/2）

図 8·11　画面平行・透視図

これらを利用した作図の基本を 図8・11に示す.

8・3 球面投影法とその二次元投影

球面投影法というのは，結晶の軸・面の関係を表現するときなどに用いられる投影法で，直線・面の方向を 球面上の点・大円として表わす方法である.

投影が球面の上では 不便であるので，これを 二次元の投影に変えて 解析するのであるが，それには，図8・12のように，球面の 定直径上の一点を 投影中心とし，これに垂直な平面の上に 球面上の点を 投影する方法が取られる.

その 投影法 は 投影中心・投影面の 取りかたによって つぎのように三つに分かれる.

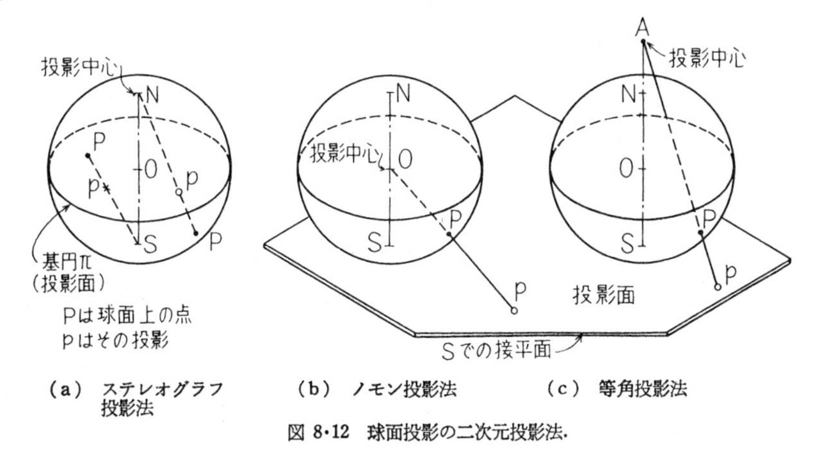

図 8・12 球面投影の二次元投影法.

（1） 立体投影法（ステレオグラフ投影法）……投影中心は 直径の端点， 投影面は（一般には）球中心を通る平面.

（2） ノモン投影法……投影中心は 球の中心，投影面は 直径端接平面.

（3） 等角投影法……投影中心は 直径の延長， 中心から1.7×半径のところ，投影面は 直径反対端点での接平面.

立体投影法（ステレオグラフ投影法）

結晶学で使われている 狭義の立体投影法は，つぎの原則による.

（1） 投影中心は，直立直径の 上端N，および 下端S.

（2） 投影面は NSに垂直な 水平大円（π），これを基円という.

（3） 下半球上の点の投影は， N と結んだ直線が 基円と交わる点で表わす（符号は○).

上半球上の点の投影は，S と結んだ直線が 基円と交わる点で表わす（符号は×).

上・下半球の投影を分けた理由は， 投影中心を一つに（たとえば N に）限定すると， 上半球の点の投影は 基円の外に出て， とくに N 点に近い点の投影が いちじるしく 遠くになる. これを避けるため， 半球面ずつに分け 重なりは 符号で区別する方法を考えたのである.

球面上の点 N, S を極， 基円を赤道面として 緯度（地軸 NS との角） ρ， 経度 φ で表わせば（図 8・13）， 別の半球上にあって 同緯度， 同経度の点の投影は 重なる.

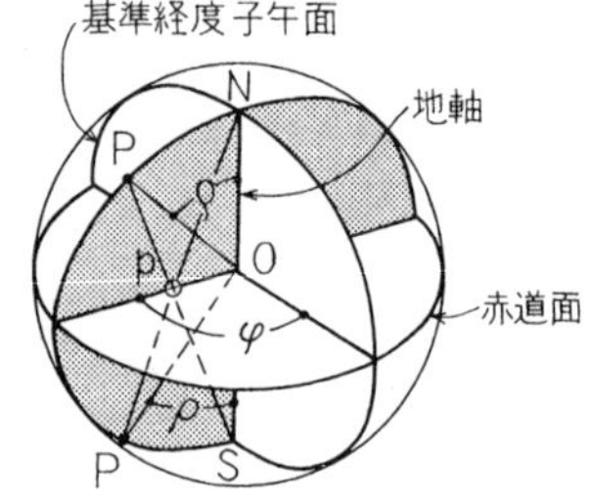

図 8・13　緯度 ρ，経度 φ

（4） 直線は それに平行な直径の両端の点で表わすのが 基本だが， 実際には それに垂直な大円の投影で表わすことが多い.

（5） 平面は それに平行な 大円の投影で 表わすのが 基本だが，一般には，平面に 球の中心から下した 垂線の 球面との交点で表わすことが多い. このような点を 前記大円の 極という. 極は二つあるが，平面のある側の極でその平面を表わす.

このように 平行直線群（平行平面群の交線）は一つの大円で，平行平面群は 球面上の一点（平行大円の極点）で表現されることになる.

立体投影図の性質

球面上の図形と 立体投影図 との間には，つぎのような 関係がある.

（1） 球面上の 円の投影は 円である（円・円対応).

（2） 球面上で 二つの大円 の なす角は，投影によっても変わらない（等角対応).

（1）の関係は，図 8・14 のように，

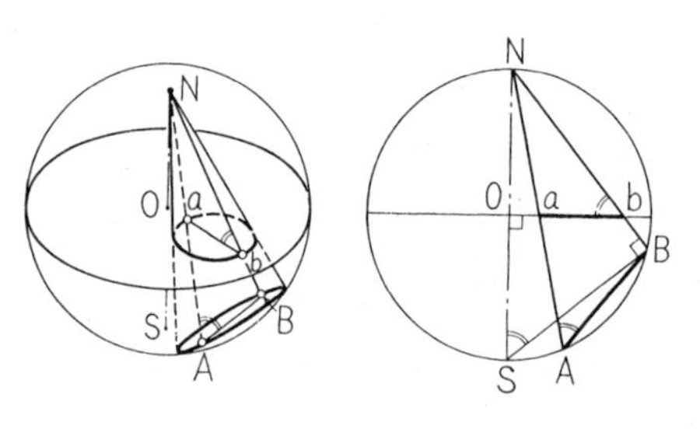

（a）　　（b）

N—AB は斜円すい，△NAB は対称面であって，
∠A（=∠S）=∠b だから AB が円なら ab も円.

図 8・14　立体投影法の円・円対応.

円を直線にみるように 真横からみた図で考えると，球面上の円 X を通る投射線群は 一つの斜円すい(錐)面であり，投影は これを基円で切った底である．このとき，図でわかるように，球面上の 円が 斜円すいの 対称面エレメントとなす角と，基円がそれに対応する反対側のエレメントとなす角は 等しいから， 両底は相似で，投影も円となる．

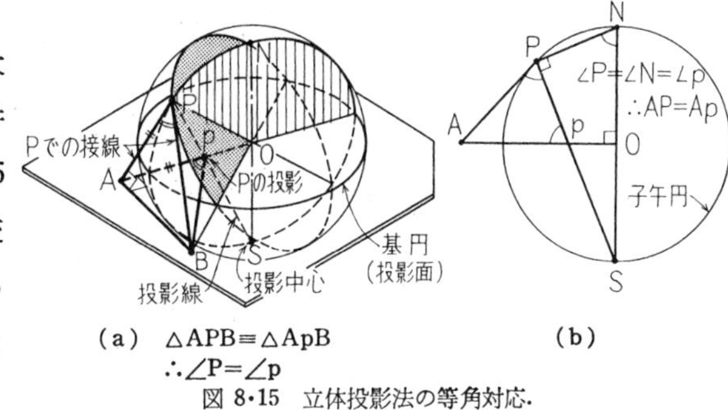

(a) △APB≡△ApB ∴∠P=∠p　　(b)

図 8·15　立体投影法の等角対応．

(2)の関係は，一つの大円を子午線面としても条件は変わらないので，図 8·15 のように考える．点 P で交わる 両大円の P における接線を PA，PB とすると (A，B は 基円上の点)，子午線面 NPS は，平面 PAB とも 基円とも 垂直だから，PAB と基円の交線 AB は 子午面に垂直で，その面上の直線 PA，PO のいずれにも 垂直である．

また，子午線面の実形図〔図 8·15(b)〕で，∠APp＝∠ApP であり，AP＝Ap であるから，△APB≡△ApB となり，∠APB＝∠ApB である．pA，pB は 大円の投影の接線だから，(2)の関係が 証明されたことになる．

立体投影の基本作図

立体投影の性質の理解を深めるために， いくつかの 基本作図をのべておくことにする．

(1)　二点間の角度……二点間の角とは 二点を望む中心角であって， 二点を結ぶ大円の弧の長さで 角を表わす．

二点の投影を p，q とする．p，q を通る大円の投影をもとめ〔作図(6)〕，その極の投影 r をもとめる〔作図(2)〕．rp，rq の延長が 基円と交わる点を p_1，q_1 とすると，基円弧 $\widehat{p_1q_1}$ が PQ 間の角である．

これは，rp，rq が それぞれ，RSP と RSQ とを通る小円の投影であり，その交線 RS が R を極とする大円と 基円とに等しい角で交わるので それらのなす角を二等分する大円に対して これら二つの小円がそれぞれ対称であるから， 小円によって切り取られる 両大円の弧 PQ と P_1Q_1 とは 相等しい (図 8·16)．

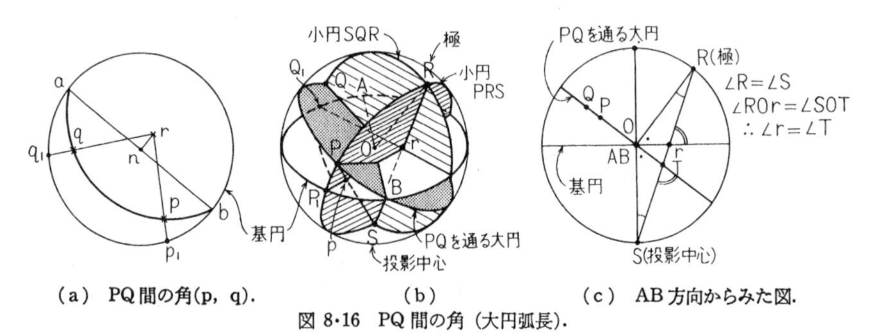

（a） PQ間の角(p, q).　　（b）　　（c） AB方向からみた図.

図 8・16　PQ間の角（大円弧長）.

（2） 与えられた大円の極の投影……大円の投影を acb とする．大円の極は 大円のどの点からも 90° の角度にある．A, B二点から 90° の点は 直径 de で表わされる 大円の上にあるから 極の投影は de 上にある．

点Cは 与えられた大円と大円DEとの交点である． そこで 大円DE上に Cから 90° の点を取れば， これがもとめる極である．大円 de の極は a （および b） だから，作図(1)に従って， 極 a と c とを結び， 基円と f で交わらせ， fg=¼円周に取り，ag を結べば， 極の投影は ag 上にある． すなわち ag と de の交点 h がもとめる極である〔図 8・17(a)〕.

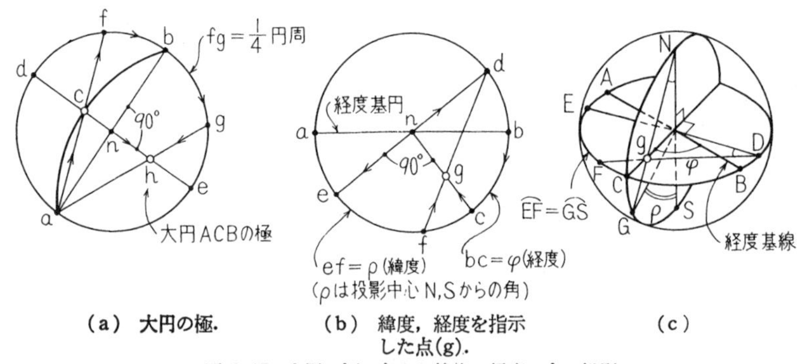

（a） 大円の極.　　（b） 緯度，経度を指示した点(g).　　（c）

図 8・17　大円の極，与えた緯度・経度の点の投影.

（3） 与えた緯度 ρ, 経度 φ の点の投影……経度基線を ab とする. b から 中心角 φ の点をもとめれば, nc は 経度 φ の大円であり, その極は nc⊥nd に取った 基円上の点 d である．直径 dne の他端 e から， ρ だけの角度(弧)を取った点 f を定め，df と nc との交点 g を取れば これが 求める点の投影である〔図 8・17(b)，(c)〕.

この作図の逆を考えれば，投影点の 緯度・経度を知ることができる．

（4） 対称点……与えられた点pの対称点qの投影は，　同じ子午大円上にあって 緯度が 180°−ρ である点である.

作図は，図8•18(a)で，np に垂直な直径 (大円) ab をとり，ap を結んでbから角ρのところにあるdを定め，直径dcを引く. ac と pn の交点が 対称点q′である. これが円外に出るのは 反対の半球にあるからで，反対の極点からの投影をもとめるときは bc と pn との交点 q をとればよい.

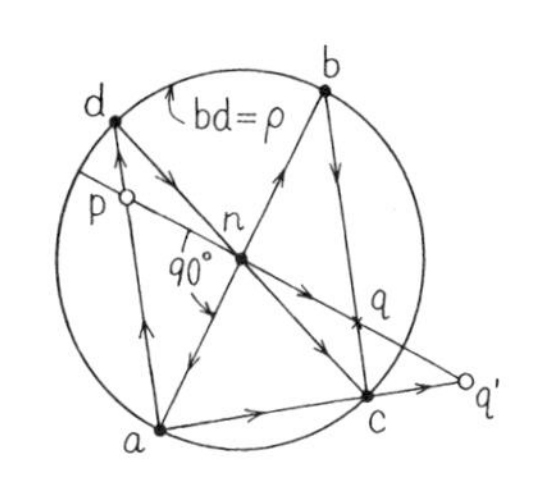

（a） 対称点

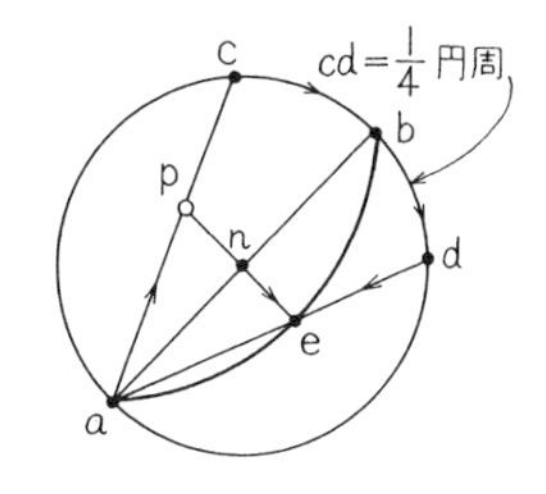

（b） Pを極とする大円.

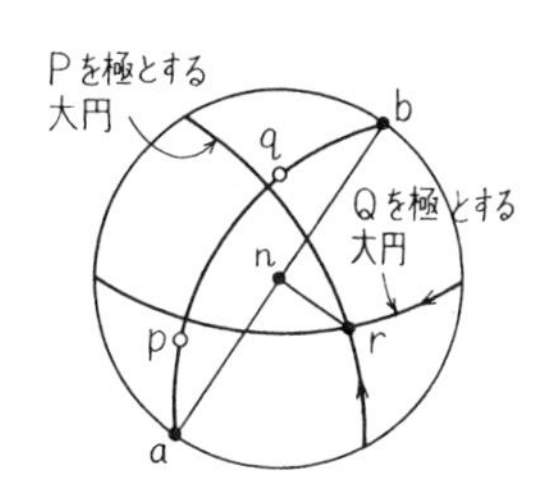

（c） 二点PQを通る大円.

図 8•18　対称点，Pを極とする大円，二点P，Qを通る大円.

（5） 極を与えられた大円の投影……与点pを極とする大円は，　pn に垂直な直径 ab の両端 a, b を通る (Pから90°の点だから). また，ap が 基円と交わる点 c を取り，c から 90°の点dを取れば，ad と pn の交点eも，pから90°の点だから，求める大円上の点である.

大円の投影は，a, e, b を通る 円弧である〔図8•18(b)〕.

（6） 二点を通る大円……二点を通る 大円の極は，それぞれの点を 極とする 二つの大円の交点である. 作図(5)に従って 二つの大円(p, q)を作り，その交点 (r) を定め，つぎに それを極とする大円を nr に垂直な直径の両端と p，q を通るようにえがけば解である〔図8•18(c)〕.

（7） 二つの大円の角……二つの大円のなす角は，交点Aにおける接線のなす角に等しい. これは 立体投影の性質で，投影の交点aにおける接線の角に等しい.

また，両大円の極の間の角(弧長)も 大円の交角であるので，作図(2)に従って二つの極をもとめ，作図(1)で それらの間の角を作図してもよい〔図8•19(a)〕.

（8） 与点を中心とする角半径αの小円の投影……与点をpとする. pn を結ぶ. これは Pを通る子午大円で 小円の直径は この上にある.　pn に垂直な 基円半径 na を作れば，a は 子午大円の極である. そこで，ap と基円との交点bの両側に

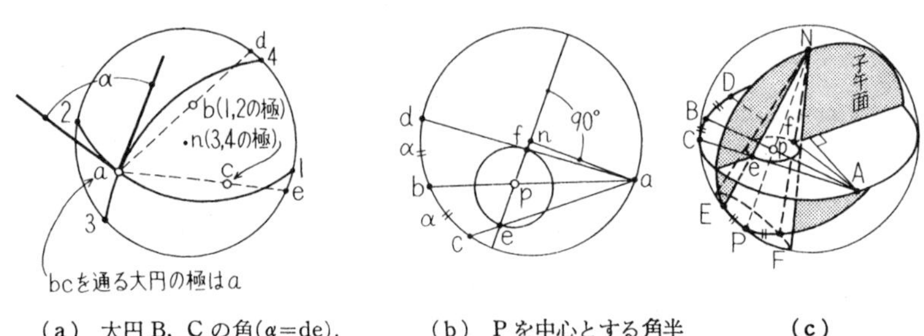

（a） 大円 B，C の角(α=de)． （b） P を中心とする角半径 α の小円． （c）

図 8・19 大円 B，C のなす角，P を中心とする角半径の小円.

角 α (弧長) を取り，c，d とする．ac，ad と pn の交点 e，f を取れば これらが P から角 α だけ離れた 小円の直径の両端である．解は ef を直径とする 円である〔図 8・19（b），（c）〕.

（9） 基円の一直径を共有し，基円から 30° おきにある大円の投影……共有直径を ab とする．基円上に b から 30° おきに e，f……を取る．ae，af が ab に垂直な直径 cd を切る点を g，h とすれば，agb，ahb を通る円が もとめる円群である〔図 8・20（a），（c）〕.

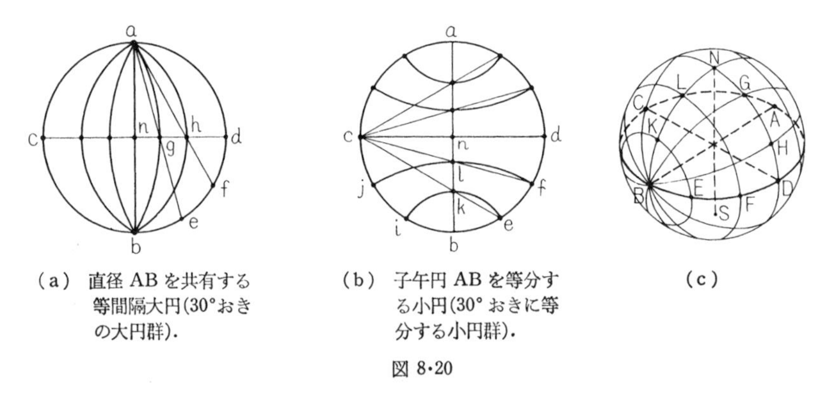

（a） 直径 AB を共有する等間隔大円(30°おきの大円群)． （b） 子午円 AB を等分する小円(30° おきに等分する小円群)． （c）

図 8・20

（10） 基円に垂直な小円群の投影(子午線上等間隔，30°おき)……等分される子午線を ab とする．ab に垂直な 直径 cd を作り，b から 30° おきの点，e，f；i，j を取る.

ce，cf が ab を切る点を k，l とすれば，eki，flj を通る円が 解（の一部）である〔図 8・20（b），（c）〕.

ウルフ・ネット

(9), (10)の方法によって，互いに直交する 大円と小円とを 2°おきに記入した図を ウルフ・ネットという (図8·21).

立体投影を実用的に活用するとき，この上に トレーシング・ペーパーをおいて，ネットの目盛から 投影の角座標を読む.

さきにのべた 各種の基本作図も すべて このネットを用いて 作図できるので，このネットは 立体投影に不可欠なものである.

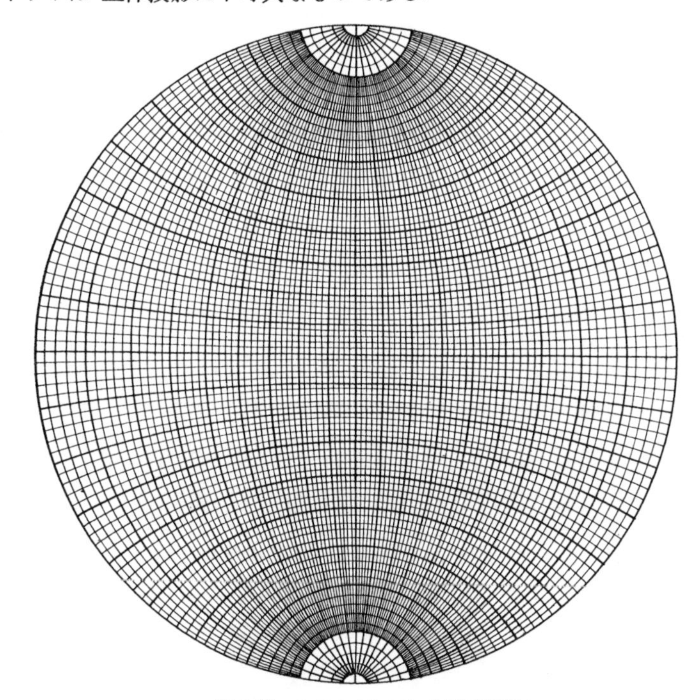

図 8·21　ウルフ・ネット (立体投影法)

ノモン投影

球の中心を投影中心とし，極点 S(N) での接平面上に 球面上の点の投影を作る方法を ノモン投影という.

この投影法では 大円はすべて直線で表わされるので，数個の平面が 一軸に平行であるかどうかが すぐに検出できる.

経度 φ は 実角で表わされ，投影面に垂直な小円は 双曲線となる.

ウルフ・ネットと同じ 大円・小円の組み合わせは 図8·22のようになる. これを ヒルトン・ネットという.

この投影は, X線分析のラウエはん(斑)点の分布を示すのに 用いられることが多い. しかし 極 S(N) から遠い点の投影は ずっと離れるので 不便である.

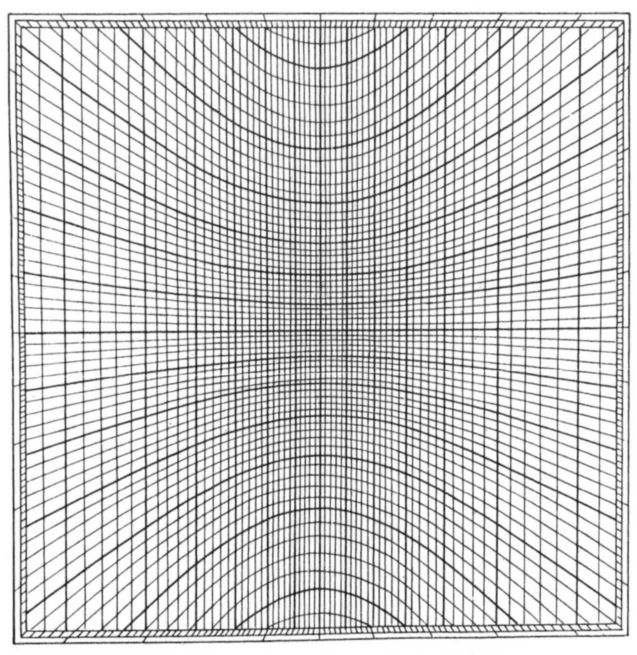

図 8·22 ヒルトン・ネット (ノモン投影法)

等角投影

大円群と それに垂直な小円群とで作るネットは 投影方法によって 前記の ウルフ・ヒルトンのほか 種種のものが得られるが, とくに, ネットの各部の間隔が だいたい等しくなるように 投影中心・投影面を考えた方法を 等角投影という.

投影中心は, 球の中心の上(下)方, 半径の1.7倍のところに取り, 投影面は 極点 S(N) における 接平面とする (投影面を赤道面としても 相似の投影となる).

ネットは, 図8·23のように, だいたい等間隔で, 小円の投影はだ(楕)円弧である.

この投影法は 結晶学のほか, 光学的性質の投影に用いられる. いわゆる 魚眼レ

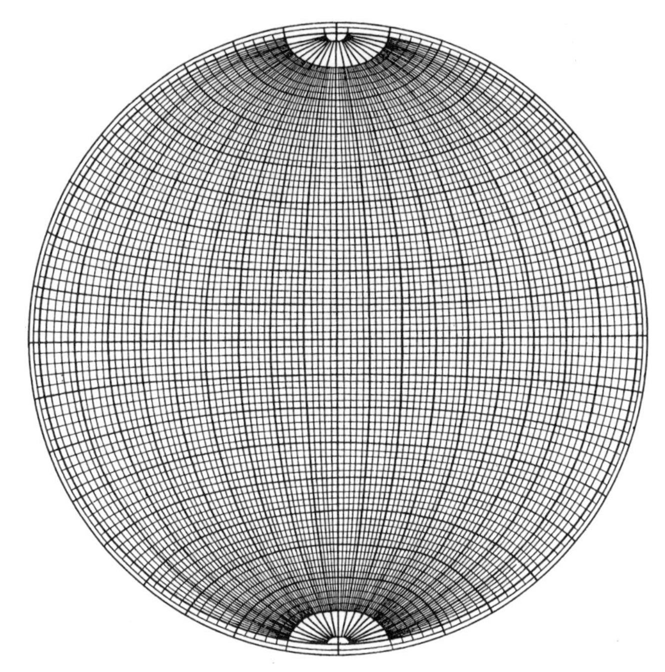

図 8·23　等角投影ネット

ンズによる写真は これに近い.

付録　平　面　図　法

定規とコンパスによる 平面図形の作図法を 簡単に紹介しておく.

1.　直線図形

(1)　線分二等分

線分の中点をもとめるには, 両端を中心に, だいたい半分と思う長さで 線分を切る. 逐次近似で (といっても 二度目でだいたい合う) この交点の幅をせばめて中点をもとめる (図1).

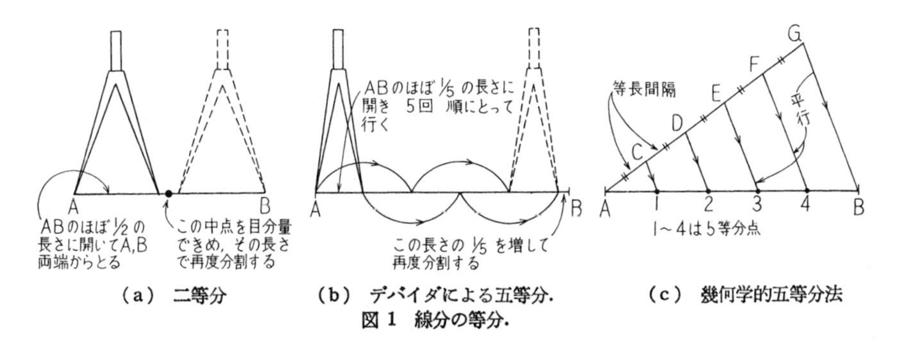

(a)　二等分　　(b)　デバイダによる五等分.　　(c)　幾何学的五等分法

図 1　線分の等分.

(2)　線分等分

たとえば ABを五等分するとき (図 1), 上の延長で コンパスで だいたい $1/5$ 長さの半径で 5回切って行って, 最後の誤差の $1/5$ を修正して $1/5$ 長さとする.

幾何学的には, 図1(c)のように, Aから 斜めに引いた直線上に 単位長さを5回取り, 終点Gと Bとを結び, C, D, E, F から GB に平行線を引いて ABを切る点が 5等分点となる.

(3) 垂　　線

図2 による．しかし，コンパスによる作図は 誤差が大きくなりやすいので，分度器を用いるのが 無難である． 三角定規の直角は チェックしない限り 信用しないほうが良い．

線分垂直二等分は 図2(c) のように 両端を中心とする 円弧の交点からきめる．

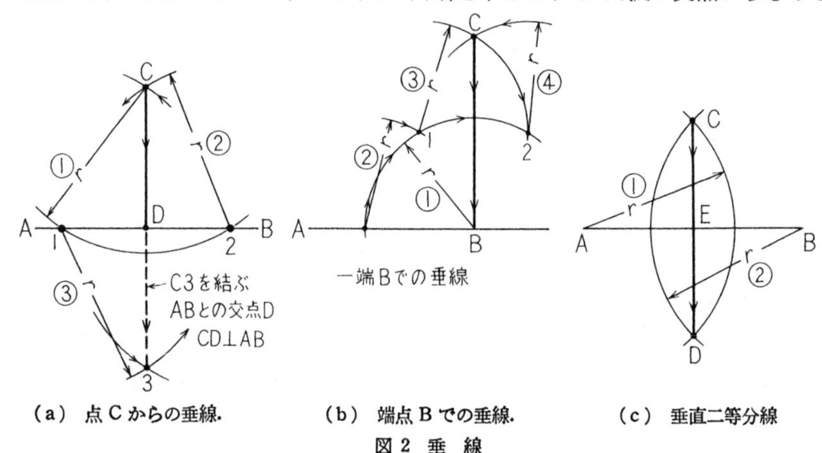

(a) 点 C からの垂線.　(b) 端点 B での垂線.　(c) 垂直二等分線

図 2 垂 線

(4) 角の等分

角の二等分は 図3による．

直角の三等分は 両辺の等長にとり，同じ半径で その円弧を切って定める．

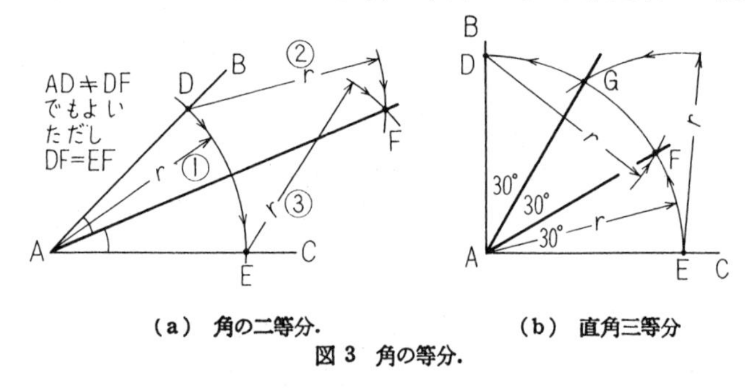

(a) 角の二等分.　(b) 直角三等分

図 3 角の等分.

(5) 正五角形

(i) 一辺を与えられた正五角形は，つぎの手順で作図する．

一辺をABとして， ABを垂直二等分し， 垂線上に $\overline{AB}$ に等しく $\overline{CD}$ をとる．

ADを結び，その延長上に $\overline{\mathrm{DE}}=\frac{1}{2}\overline{\mathrm{AB}}$ である 点Eをとる．

AEは 正五角形の対角線長さである． そこで 中心A， 半径AEで CDの延長を切りFとする．

Fは 第三頂点である．

中心A，B，F，半径$\overline{\mathrm{AB}}$ の円弧の交点G，Hが第二，四頂点である．

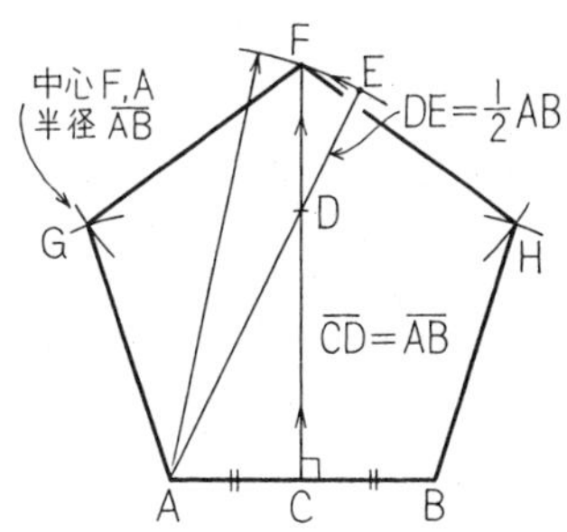

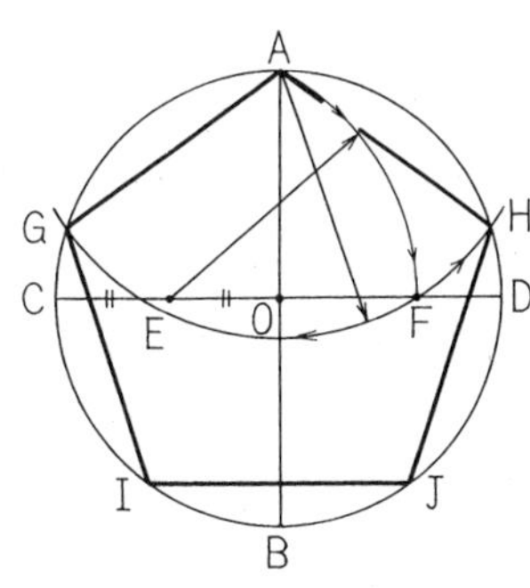

（a） 一辺ABが与えられたとき． （b） 外接円Oが与えられたとき．

図 4 正五角形（正しい作図）

（ii） 外接円が与えられたときは，一頂点を 円周上に取り(A)，直交直径AB，CDを作る．半径OCの中点Eを中心に，EAの半径で CDを切る． この点をFとすると AFは 一辺の長さである．

Aから $\overline{\mathrm{AF}}$ の長さで 与円を切れば 正五角形を得る．

（6） **角の近似等分**

∠AOBを 任意の数に等分する 近似作図は〔図5(a)〕，OAを半径とする円を作り，直径AOCを引く（Oが中心）．C，Aを中心に，$\overline{\mathrm{AC}}$を半径とする円の交点をDとし， OB=OAに取った点BとDを結ぶ．DBとACの交点をEとし，AEを角を等分したい数に等分する．その等分点とDとを結んで 弧ABと交わった点を 通るように Oから引

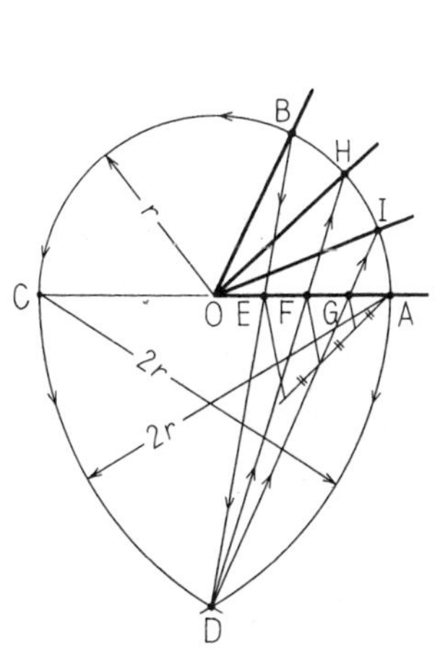

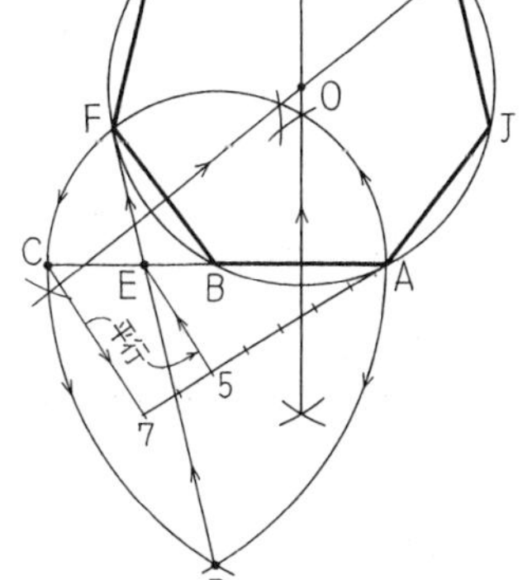

（a） 角AOBの近似等分． （b） 正七角形(近似)

図 5 角の近似等分，近似正多角形．

けば 角の等分線となる（図は三等分）.

（7） **近似正多角形**

幾何学的に正しく作図できるのは，正三，四，五角形 およびその整数倍の正多角形だけである.

たとえば 正七角形は 前項の近似作図を応用した 近似画法でえがくより方法がない〔図 5(b)〕.

正n角形の内角は $2(n-2)/n$ 直角だから， 二直角の $^5/_7$ 倍の角を作れば 正七角形の内角である． 作図は前項に従って， 与えられた一辺 AB を半径とする 半円 ABC を作り，中心 A, C で半径 AC の二円の交点 D を作り， AC の $^5/_7$ 等分点 E と D とを結んで 始めの半円と F で交わらせると BF が 第二辺となる.

双方の垂直二等分線の交点 O を作ると，これが 外接円中心である．外接円を AB の長さで切れば 正七角形ができる．このとき 作図誤差があれば修正し，うまく円 O を 7 等分するように 各頂点を定める（H は AB の垂直二等分線上，I は BF の垂直二等分線上にある）.

2. 円

（1） **円周等分**〔図 6(1)〕

円周を等分するには 直交直径 をもとに 直角を 2n 等分するか 3n 等分する．最もよく用いられるのが 図6(a)の方法による 12等分である．このとき，$\sin 30° = {}^1/_2$ であることから， 直交直径 AC, BD から垂直距離 $r/2$ の点が12等分点となる． これで正確さをチェックせよ.

（2） **円周の長さと等長の線分（非常によい近似）**〔図6（b),（c)〕

（i） 全円周の長さは，直径 AB, 接線 AC を作り $\overline{AC}$ を AB の三倍にとる．中心 O から AB に 30° の半径を引き 円周と D で交わらせ， D から AB に垂線 DE（足：E）を引く.

線分 EC≒$\pi\overline{AB}$ である（誤差：1/21,700）.

（ii） 半円周の長さは，直径 AB, 接線 CAD を作り，点 C は O から AB に 30° に引いた 半径の延長が 接線と交わる点，$\overline{CD}$ は 半径の三倍とする.

線分 BD≒$\pi\cdot\overline{AB}/2$ である（誤差：1/40,000）.

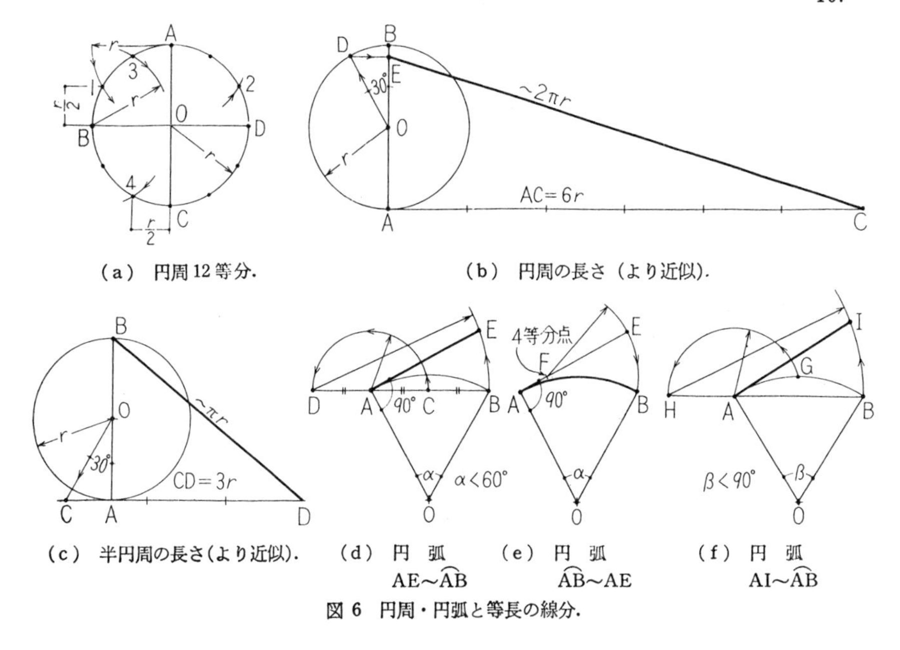

(a) 円周 12 等分.

(b) 円周の長さ（より近似).

(c) 半円周の長さ(より近似).

(d) 円 弧 AE~$\widehat{AB}$

(e) 円 弧 $\widehat{AB}$~AE

(f) 円 弧 AI~$\widehat{AB}$

図 6 円周・円弧と等長の線分.

(3) 円弧と等長の線分（近似)〔図 6 (e)~(f)〕

(i) 弧 AB の弦の中点 C を取り，$\overline{BA}$ の延長上に DA=AC に D を取る．D を中心に 半径 DB で，点 A における もとの弧の接線を切れば (点 E)，$\overline{AE} \fallingdotseq \widehat{AB}$ である.

(ii) この逆に 線分 AE に等しい長さの弧 AB を作るには， AE を四等分し，第一等分点 F を中心に半径 FE で 点 A において AE に接する 与半径の 円弧を切れば (点 B)，$\widehat{AB} \fallingdotseq \overline{AE}$ である.

この方法は，はじめの方法での 点 D に当たる点を取ってみると，DF が ∠ADE の二等分線となり，DF が BE を垂直二等分することから，逆作図であることが わかるであろう.

以上の方法は，比較的 誤差が大きく 中心角 30° で 1/14, 400, 60° で 1/860 であるので だいたい 60° くらいまでの 小さな弧に適用される方法と考えておくこと.

(iii) 前の作図で 弦の中点 C の代わりに 弧 AB の中点 G をとり，AG=AH に BA 上に H をきめ， 中心 H， 半径 GB の円で， A における接線を切れば (点 I) $\overline{AI} \fallingdotseq \widehat{AB}$ である.

この方法も 中心角が大きくなるほど 誤差は大きくなるが 前ほどでなく 90° で 1/2300 であるので このあたりまで使用可能である．ただし 逆作図はできない

3. 二次曲線

(1) だ 円

(i) 軸・焦点・準線・離心率

だ(楕)円の長軸・短軸・焦点・準線・離心率の関係は 図7(a) のとおりである．

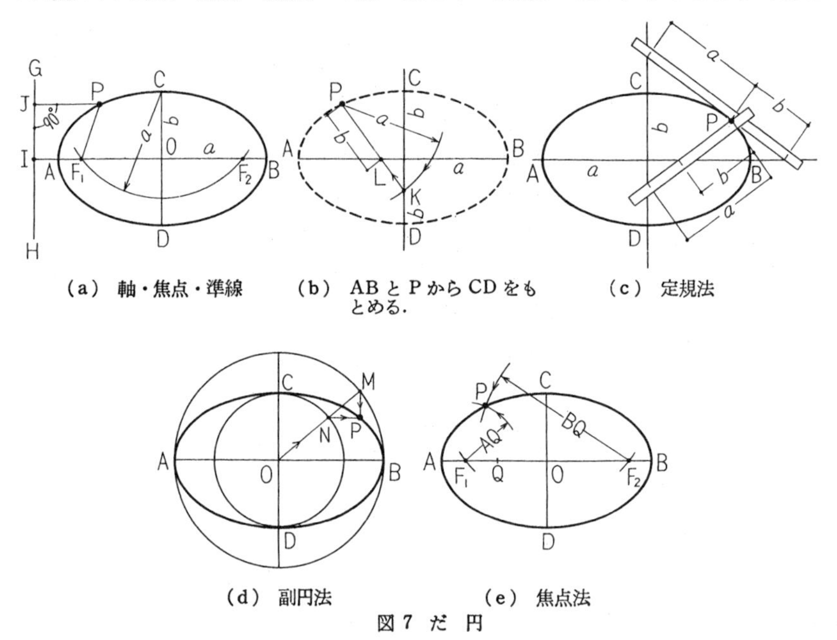

(a) 軸・焦点・準線　(b) AB と P から CD をもとめる．　(c) 定規法

(d) 副円法　(e) 焦点法

図7 だ 円

長軸 AB=2a，短軸 CD=2b

焦点 F_1，F_2：$CF_1=CF_2=a$，$OF_1=OF_2=\sqrt{a^2-b^2}=ea$

離心率 $e=PF_1/PJ=F_1A/AI=OF_1/OA=\sqrt{1-b^2/a^2}$

準線 GJIH⊥AB

(ii) 長軸 AB と だ円周上の点 P を知って 短軸をもとめる．

周上の点 P を中心，半径 a で AB の垂直二等分線を切る(K)．PK が AB と交わる点 L をとれば PL=b〔図7(b)〕．

(iii) 上の関係で だ円をえがく法．

AB, CDは既知．a−b または a+b を目盛った定規を作り 図のようにしてえがく〔図7(c)〕．

(iv) 副円を使って だ円をえがく法．

AB, CDをそれぞれ直径とする円（大副円，小副円という）をえがく．

任意の半径を引き 大副円とM，小副円とNで交わらせる．

MP//CD，NP//AB に引いた MP と NP の交点Pが だ円上の点．一般には 副円を 12〜16等分して 点を作る〔図7(d)〕．

(v) 焦点を使って だ円をえがく法．

だ円では $PF_1+PF_2=2a$ である．AO上に点Qを取って，中心F_1，半径AQの円と，中心F_2，半径QBの円の交点 Pは だ円上の点である．分割点Qは Aに近くは密に O寄りは疎に取る．右半分も同様〔図7(e)〕．

(2) 双曲線

(i) 軸・焦点・漸近線・準線・離心率

双曲線の 軸AB，CD(=2a，2b)，焦点F_1，F_2，漸近線LM，QR，準線GH，IJの関係は 図8(a)のとおりである．

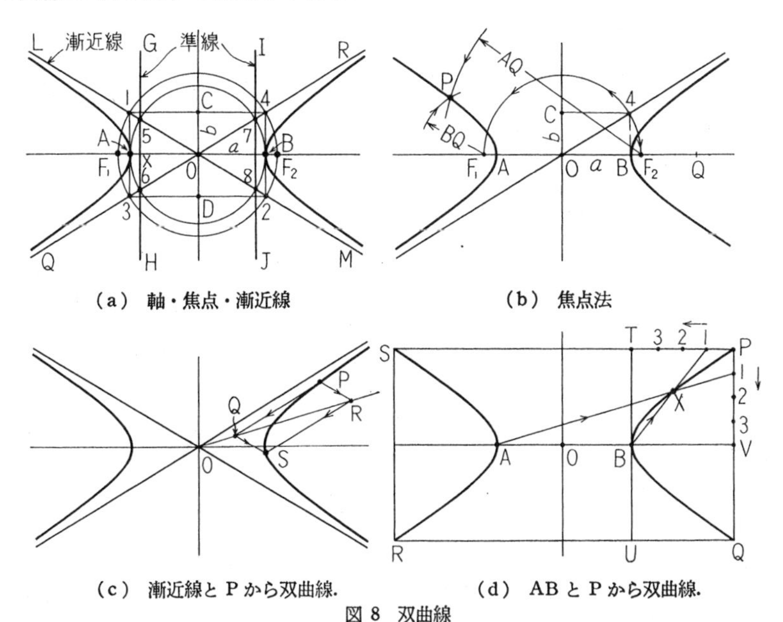

(a) 軸・焦点・漸近線　　(b) 焦点法

(c) 漸近線と P から双曲線．　　(d) AB と P から双曲線．

図8 双曲線

漸近線のこう(勾)配は b/a, 離心率 $e=\sqrt{1+b^2/a^2}=AF_1/AX$

準線は 中心O, 半径aの円と 漸近線の交点 (5, 6, 7, 8) を通る.

頂点Bから ABに立てた垂線が, 漸近線と交わる点 (1, 2, 3, 4) は, 中心O, 半径OF_1の円の上にある.

(ii) 焦点を使って 双曲線をえがく法.

双曲線では 曲線上の上Pを取ると, $PF_1-PF_2=2a$ である. AOの延長に 点Qを取って, 中心F_1, 半径BQの円と, 中心F_2 半径AQの円とが交わる点 Pは, 双曲線上の点である. 分割点Qは Aに近くは密に, 遠くは疎に取る〔図8(b)〕.

(iii) 漸近線と曲線上の点Pから双曲線をえがく法.

図8(c)のように, 中心Oから 漸近線角内に 直線を引き, Pから 漸近線に平行に引いた直線と Q, Rで交わらせる. PQRを頂点とする 平行四辺形の 第四頂点Sは 双曲線上の点である.

(iv) 頂点A, Bと曲線上の点Pから双曲線をえがく法.

Oを中心, Pを一頂点とする 軸平行辺長方形を作る (PQRS). 頂点Bから ABに垂線を立て PSとT, QRとUで交わらせる. PQの中点をVとする.

PTとPVを 等しい数に等分し Pから1, 2, 3…… と番号をつける. Aと PV上の, Bと PT上の 等番号等分点を結ぶ. その交点Xは 双曲線上の点である.

(3) 放物線

(i) 焦点・準線・離心率〔図9(a)〕.

放物線の頂点A, 曲線上の点Pがあるとき, 焦点Fはつぎのように もとめる.

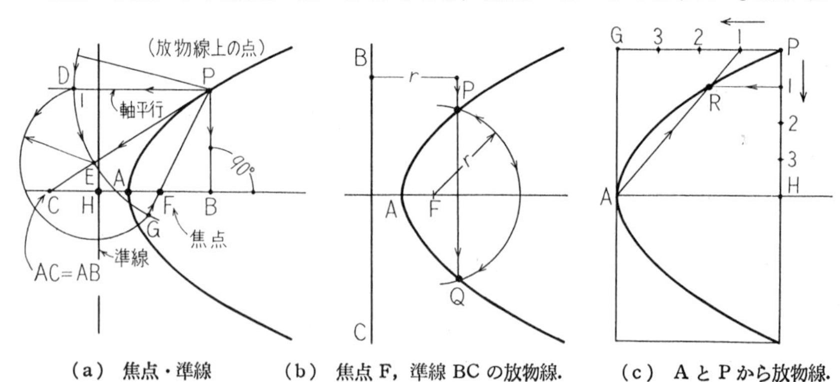

(a) 焦点・準線　(b) 焦点F, 準線BCの放物線.　(c) AとPから放物線.

図9 放物線

軸垂直に PB を引き，軸上に BA＝AC に点 C を取る．P から軸平行に PD を引き，∠DPC＝∠CPG に取った PG と軸との交点 F が焦点である．

放物線の離心率は 1 であるから，AF＝AH に点 H を取り 軸に垂直に IJ を引けば 準線である．

（ii） 焦点・準線から放物線をえがく法．

放物線の 離心率は 1 である．したがって 曲線上の点 P は，準線 BC と焦点F とから 等距離にある．すなわち 準線から r だけ離れた平行線を引き，中心 F，半径 r の円と P，Q で交わらせれば，P，Q は放物線上の点である〔図 9 (b)〕．

(iii) 頂点 A，曲線上の点 P から放物線をえがく法．

頂点 A と点 P を 対角二頂点とする 軸平行辺長方形を作る (AGPH)．GP と PH とを 等しい数に等分し，P から順に番号をつける． A と GP 上の等分点を結び，PH 上の同番号等分点から軸に平行に引いた直線との交点 R を取れば，R は放物線上の点である〔図 9 (c)〕．

4. 二次曲線への接線・曲率中心

（1） 曲線上の点での接線（図 10）

（i） だ(楕)円の接線は 接点と両焦点とを結ぶ直線のなす角の 外角を二等分する．

（ii） 双曲線では 内角二等分．

(iii) 放物線では 接点と焦点を結ぶ直線と 接点から軸に平行に引いた線のなす角を二等分する．

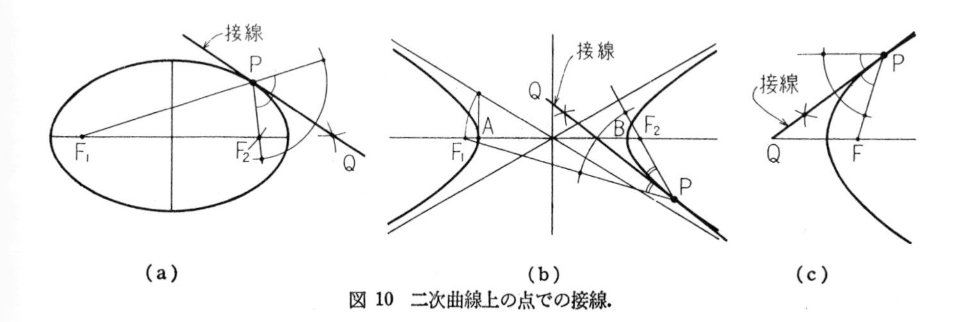

図 10 二次曲線上の点での接線．

(2) 曲線外の点からの接線

(i) だ円では，与点Pを中心に，半径PF_2（近い方の焦点）の円をえがき，F_1を中心，半径2aの円と E，Gで交わらせる．

接線はPからF_2E，F_2Gに下した垂線PH，PI．接点はPHとF_1Eの交点H，PIとF_1Gの交点I．

(ii) 双曲線でも同様．

(iii) 放物線では，中心P，半径PFの円と準線との交点C，Dを定め，CF，DFにPから下した垂線PE，PGが接線．接点はC，Dから軸に平行に引いた直線と接線の交点（E，G）．

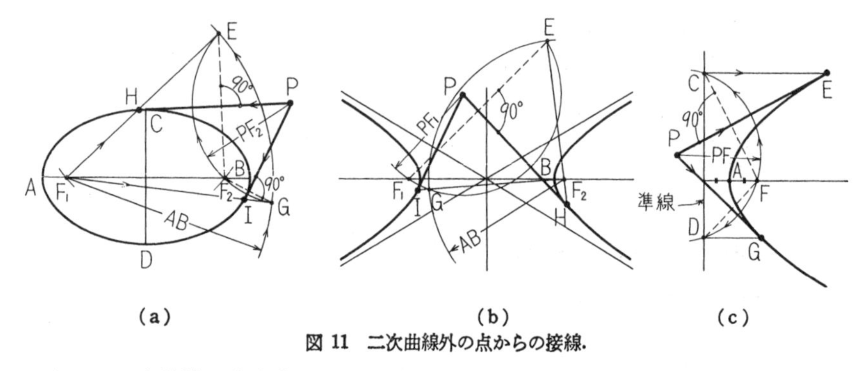

図 11 二次曲線外の点からの接線．

(3) 二次曲線の曲率中心

二次曲線の曲率中心は，一般につぎの方法でもとめられる（図12）．

曲線上の一点Pにおける曲率中心は，まずPでの法線PEを作り軸ABとの交点Eをとる．EにおけるPEへの垂線EGとPF_2〔(c)ではPF〕との交点Gを作り，GからPF_2に垂線GHを下し足をHとすると，Hが曲率中心である．

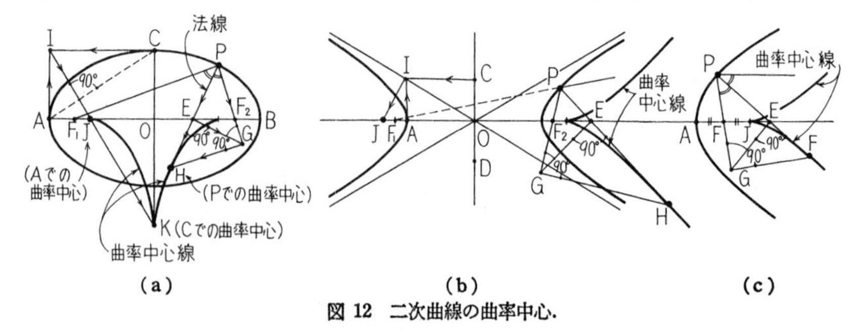

図 12 二次曲線の曲率中心．

法線は 4.(1) による.

この方法では 頂点のところでの曲率中心が作図できない. それには, だ円, 双曲線では, 長・短軸の一端 A, C を対角頂点とする長方形 AOCI を作り, I から AC に垂直に (だ円) または OI に垂直に (双曲線) 引いた直線が 軸と交わるところが JK 両頂点の曲率中心である. 放物線では 軸上 AF=FJ にとった点 J である.

（4） **合成円弧による近似だ円**

（i） 二半径近似だ円……比較的 円に近いだ(楕)円 (CD≧$^3/_4$・AB) には つぎの方法でよい近似が得られる (図 13).

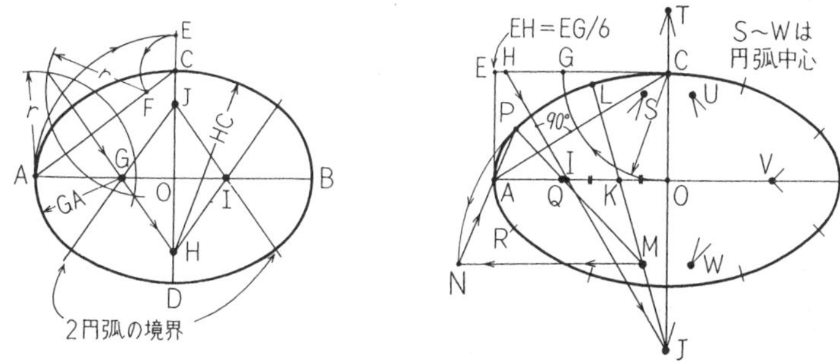

図 13 **円弧合成** 近似だ円

長軸 AB, 短軸 CD を定め, AC を結び, CF=$^1/_2$(AB−CD) に取る. AF の垂直二等分線が AB と交わる点を G, CD と交わる点を H とする. 両軸上に G, H の対称点 I, J をとる.

G, I を中心に 半径 GA (=IB) でえがいた円弧 (HG の延長および その軸対称位置まで) と H, J を中心に 半径 HC (=JD) でえがいた円弧で 近似だ円ができる.

（ii） 三半径近似だ円……上より細長いだ(楕)円 ($^3/_4$・AB≧CD≧$^1/_2$・AB) は 三種の半径の円弧の組み合わせで 近似できる.

AOC を三頂点とする長方形を作る. 第四頂点は E. EC 上に GC=CO に点 G をとり, EH=$^1/_6$ EG に点 H をとる.

H から AC に垂線を下し AO と I, CD またはその延長と J で交わらせる. J が第一中心. 半径は JC, 弧は OI の中点 K を通る半径 JKL まで, 第二中心は JK の中点 M, 半径は ML, 弧は P まで. P はつぎのように定める. 第二円弧を中心 M

からABに平行に引いた直線上Nまでえがき， NAを結んで弧と再び交わる点がPである．第三中心はMPとABの交点Q，半径はQA（=QP）．弧はPのABに関する対称点Rまで，あと，軸対称にえがく．

5. うずまき線

（1） アルキメデスうずまき線

極座標で $r=a\theta$ である曲線を アルキメデスうずまき線という．

aが与えられれば2.（2）の作図で $2\pi a$ を作り 一回転後の動径長ABを出す．ABが直接与えられることも多い．

ABがきまれば 作図は図14のようになる．

接線は $\tan\alpha=r/a$ であることを利用し，中心A，半径 a の円周上で ACより90°進んだ位相の半径ADをきめ，接点Cと結べばこれが 法線となる．接線は CDに垂直なEF.

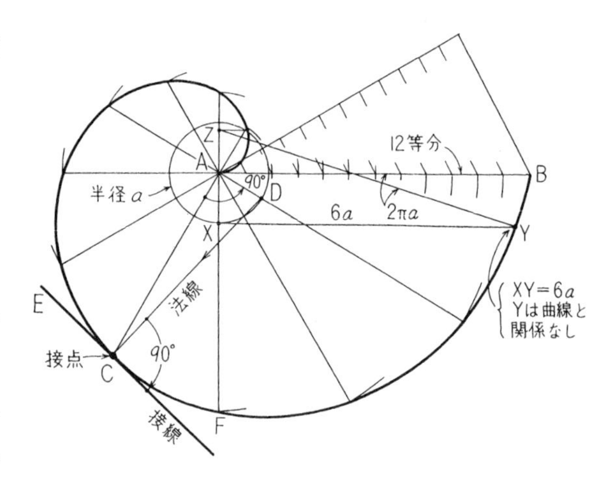

図14 アルキメデスうずまき線

（2） 対数うずまき線

極座標で $r=a^{\theta}$ または $\log r=\theta\log a$ で表わされる曲線を 対数うずまき線という．

対数うずまき線の動径の長さは， 等比的に増える． いま 作図のために 動径を30°おきに取れば

$$r_0=1,\ r_{30^\circ}=a^{\frac{\pi}{6}},\ r_{60^\circ}=a^{2\cdot\frac{\pi}{6}},\ \cdots\cdots \text{ となる．}$$

いま，$a^{\frac{\pi}{6}}=1.2$ とすれば，図15のように $\cos\beta=1/1.2$ となる直線OAを引いて，等比1.2の線分群を作図（直角，直角ととる） して 30°おきの動径長を作れば 曲線をえがくことができる．

接線が，接点を通る動径となす角 α は一定で

$\tan\alpha=1/\log_e a$

である．したがって，半径が $\log_e a$ である円をえがいて 動径上(OC)，長さ1の点Dからこれに接線を引けば その方向が 法線方向である (図で DからEへの接線)． 接線は これに 垂直である (FG)．

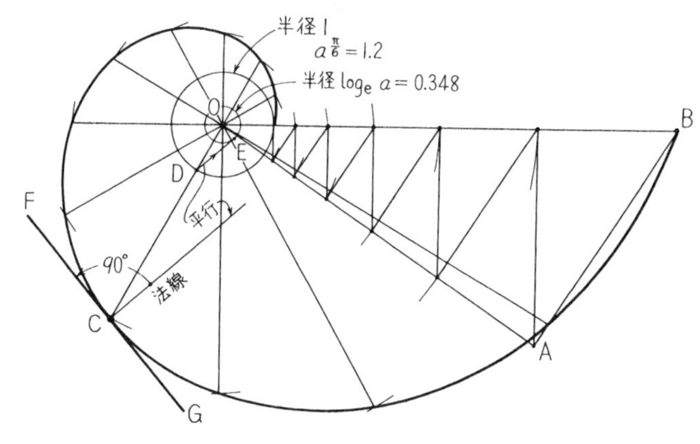

図 15 対数うずまき線

（3） 円のインボリュート曲線

円の接線の長さを 円周上の基点から接点までの弧の長さ に等しく取ったときできる うずまき線を インボリュート曲線といい，円を基円という．

作図は2.（2）の方法でもとめた円周長を 12～16 等分し，対応する接線の長さを定めればよい (図16)．

接線は，基円への接線が法線だから すぐに もとめられる．

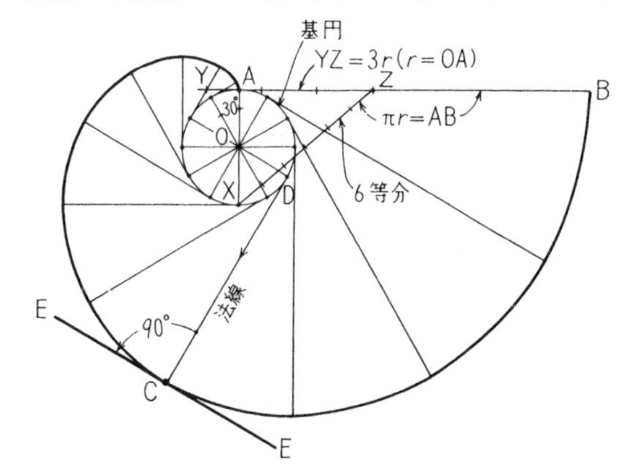

図 16 円のインボリュート曲線.

6. サイクロイド

（1） サイクロイド

一つの円が 定直線上を転がるとき， その円周上に固定した一点のえがく軌跡をサイクロイドという．

また，円外の一点のえがく軌跡を 高トロコイド，円内の一点のえがく軌跡を 低トロコイドという．

作図は，2.(2)の方法で 転円の円周長をもとめ， その等分長で定直線を区切って，転円の単位角ずつの回転位置から えがく (図 17)．

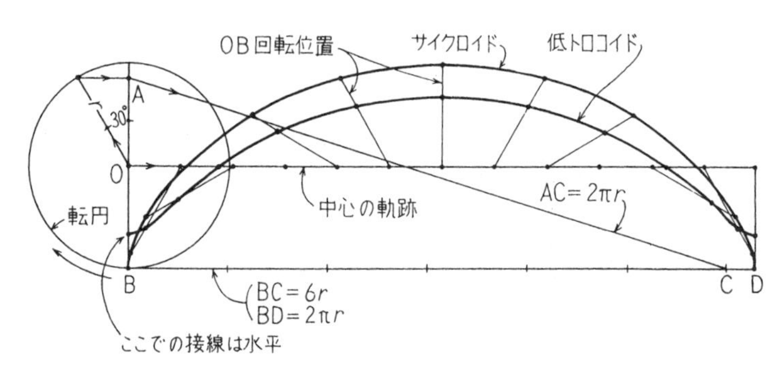

図 17 サイクロイド曲線

(2) エピ・サイクロイド，ハイポ・サイクロイド

円が，一つの定円の外側を転がるとき，その円周上の点のえがく軌跡を エピ・サイクロイドという．

また，転円が 定円 の 内側を転がる と き 転円上の点の 軌跡 を ハイポ・サイクロイド という．

作図は， 転円の円周と定円の円周 と を 等しい長さで 区 切って 単位角回転したときの位置をも と め作図する．

図 18 は 転円の直径が定円の直径の 1/2 である エピ・サイクロイド および エピ・トロコイドである．

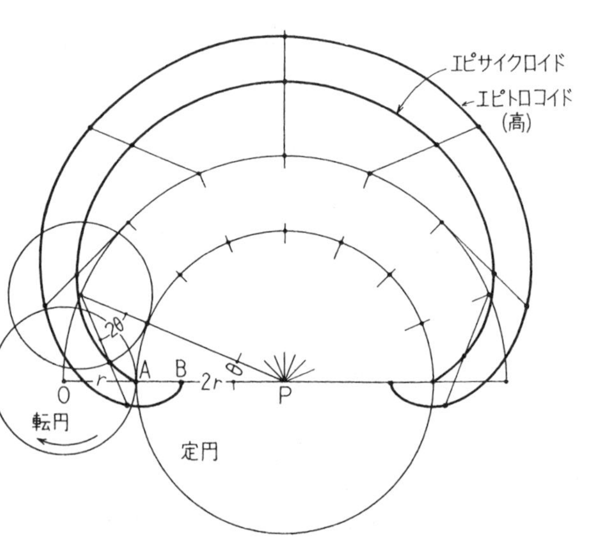

図 18 エピ・サイクロイド曲線

(3) サイクロイドの曲率中心・接線

一般に サイクロイドのように 定曲線の上を 曲線が転がるときの曲率中心は，図19の方法で定められる．

二曲線の接触点を A とし，その部分の，定曲線の曲率中心を O_1，転曲線の曲率中心を O_2 とする．動点Bの その位置での 曲率中心は，BA を結び，AC⊥AB とし BO_2 上にCを定める． C と O_1 と結び BA と D で交わらせると， D が 曲率中心である．

サイクロイドの曲率中心は，図19のように 接点に関する対称点となり，曲率中心の移動軌跡（エボリュートという）は やはりサイクロイドとなる．接線は 曲率中心への線が法線だから それに垂直に取ればよい．

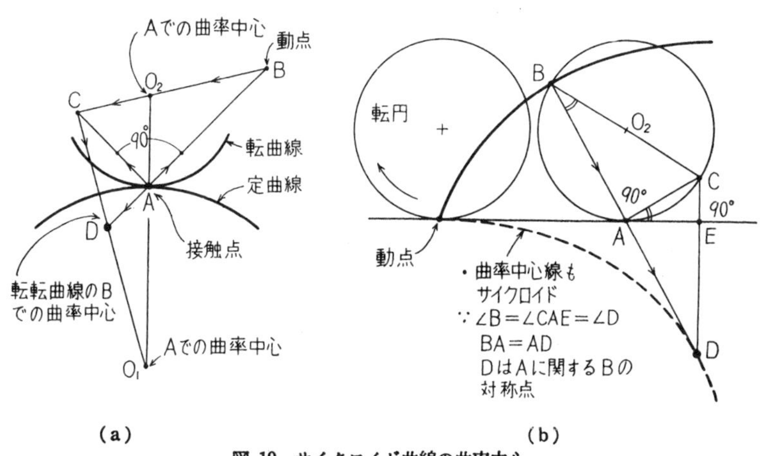

(a)　　　　　　　　　　(b)

図 19 サイクロイド曲線の曲率中心．

基礎 図 学

練 習 問 題 集

磯田 浩

（１） 下の立体の主投影図をつくれ．

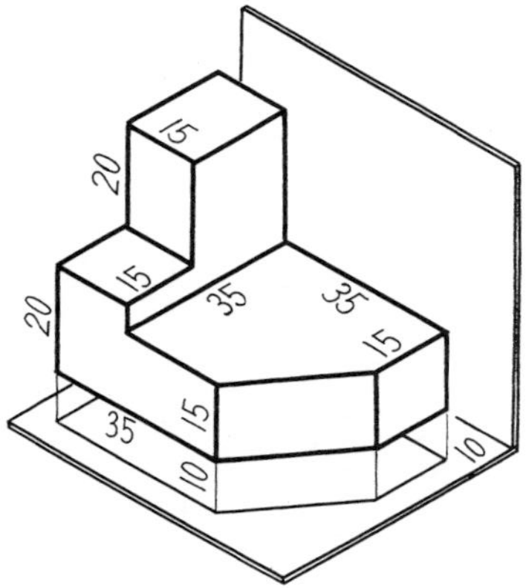

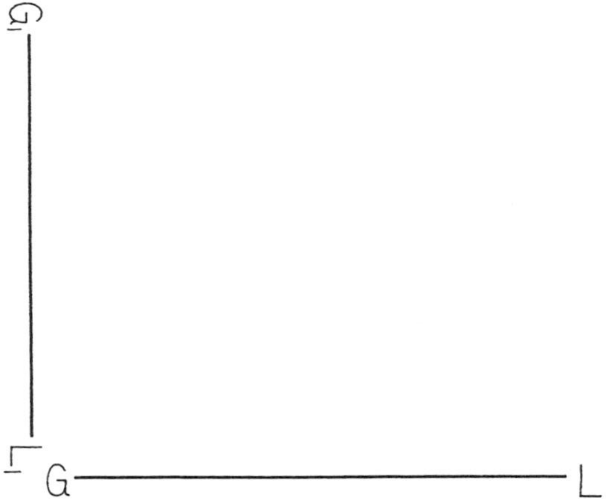

（切り取り線）

（２） 下の立体の主投影図をつくれ．

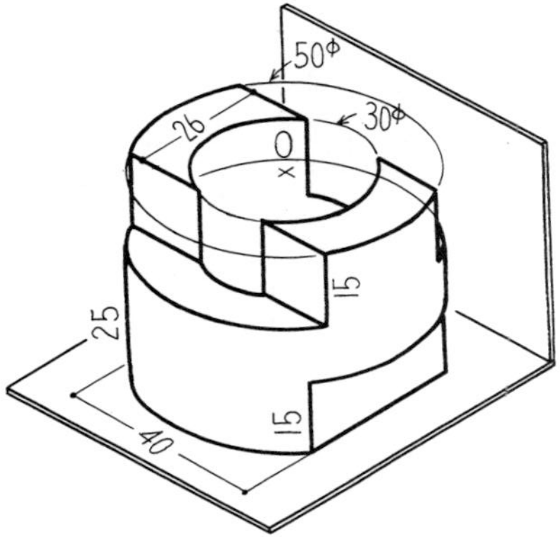

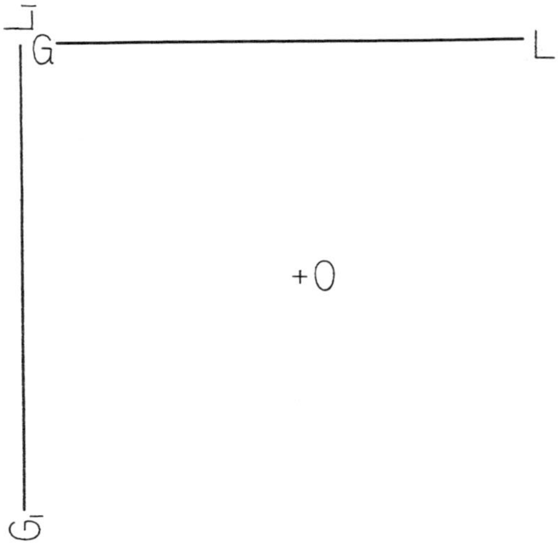

50φ
30φ
26
O
x
15
25
15
40

G
L
G
+O

（切り取り線）

（切り取り線）

（３） 下の立体の等測図をつくれ.

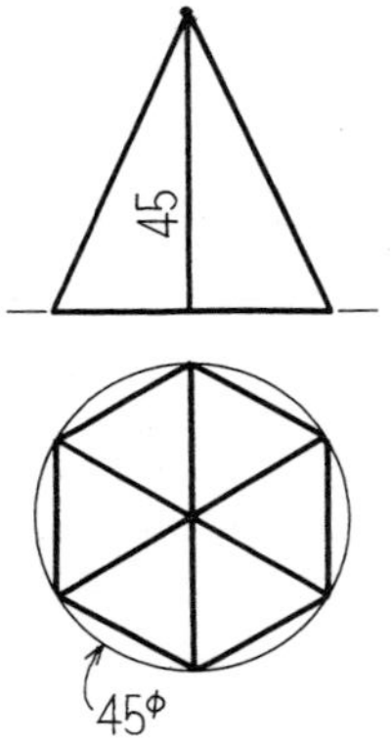

45

45φ

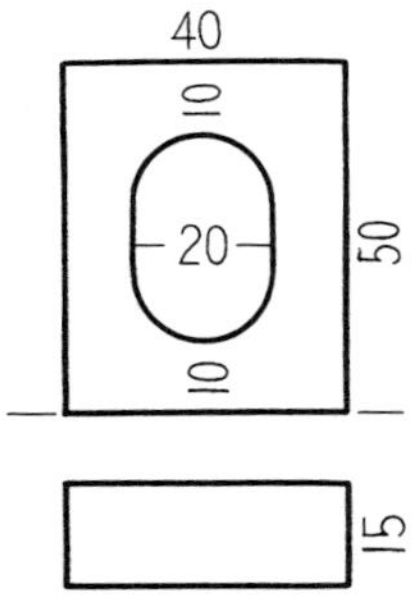

40

10

20

50

10

15

（切り取り線）

（４） 下の立体の斜軸測図をつくれ（正面平行45°×$\frac{1}{\sqrt{2}}$）.

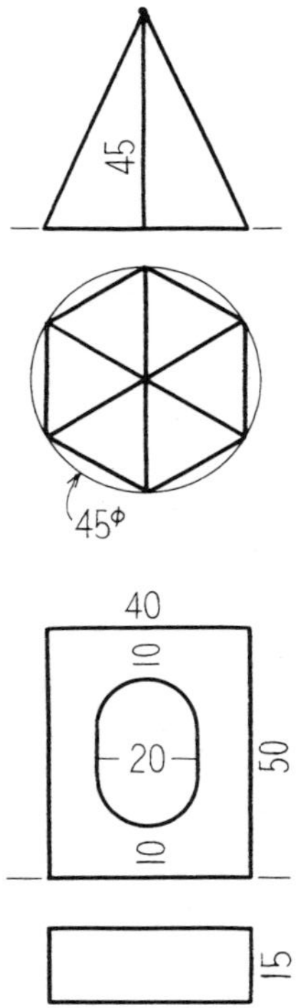

45

45φ

40

10

20

10

50

15

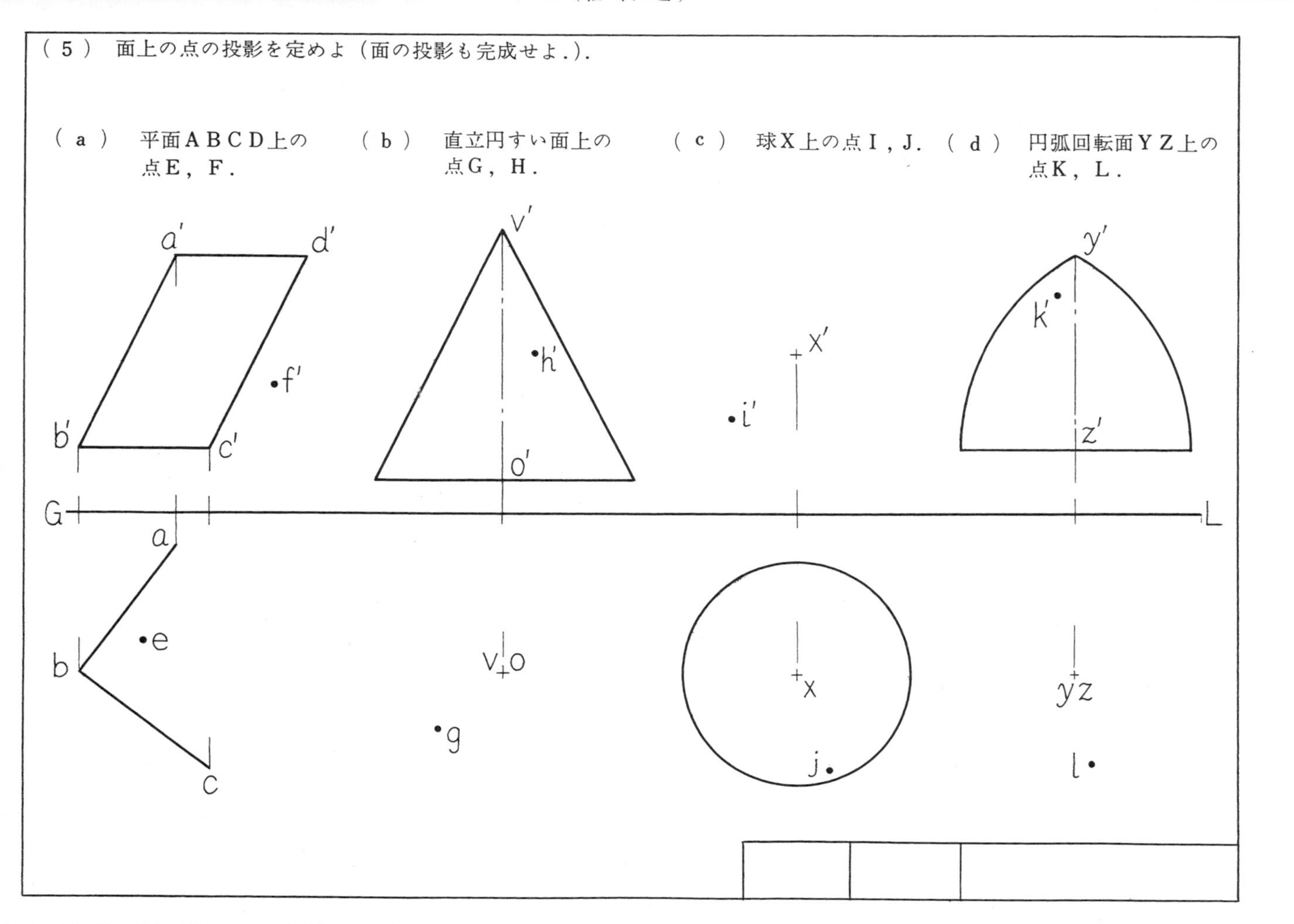

（５） 面上の点の投影を定めよ（面の投影も完成せよ.）.

（ａ） 平面ＡＢＣＤ上の点Ｅ，Ｆ.

（ｂ） 直立円すい面上の点Ｇ，Ｈ.

（ｃ） 球Ｘ上の点Ｉ，Ｊ.

（ｄ） 円弧回転面ＹＺ上の点Ｋ，Ｌ.

（６）　与えた立体の平面図，逐次副投影図をつくれ．

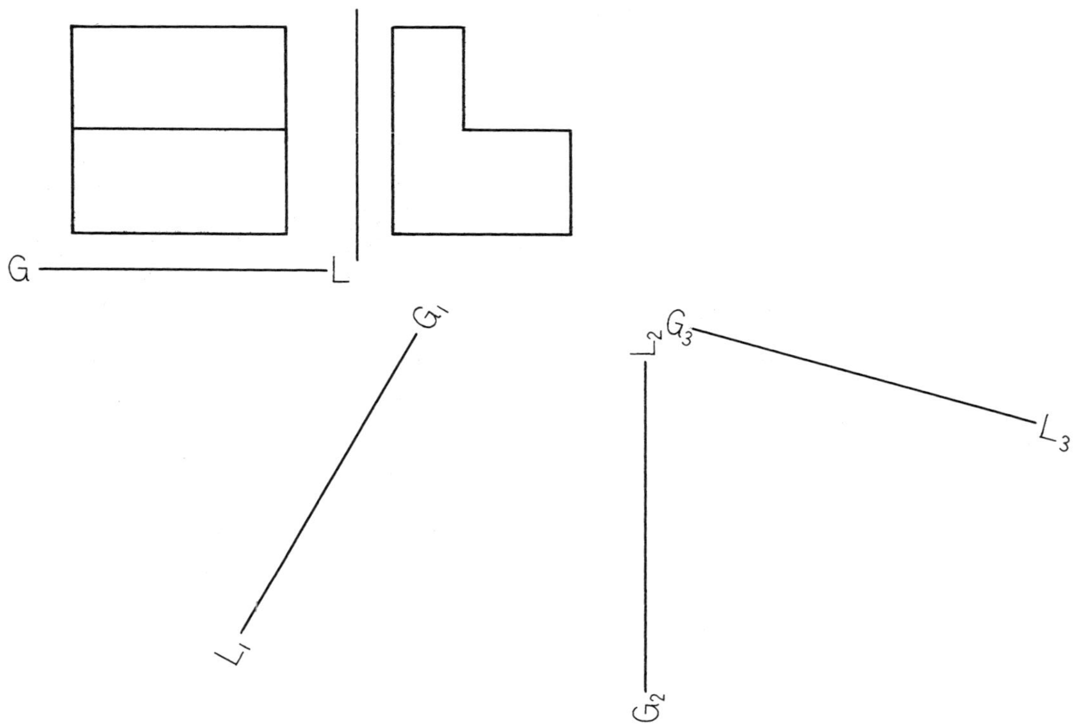

G　L

G_1　L_1

L_2　G_2

G_3　L_3

（切り取り線）

(切り取り線)

（７） ＡＢの実長・水平傾角を求め，Ｂから A 方向に距離 l の点Ｃを定めよ．

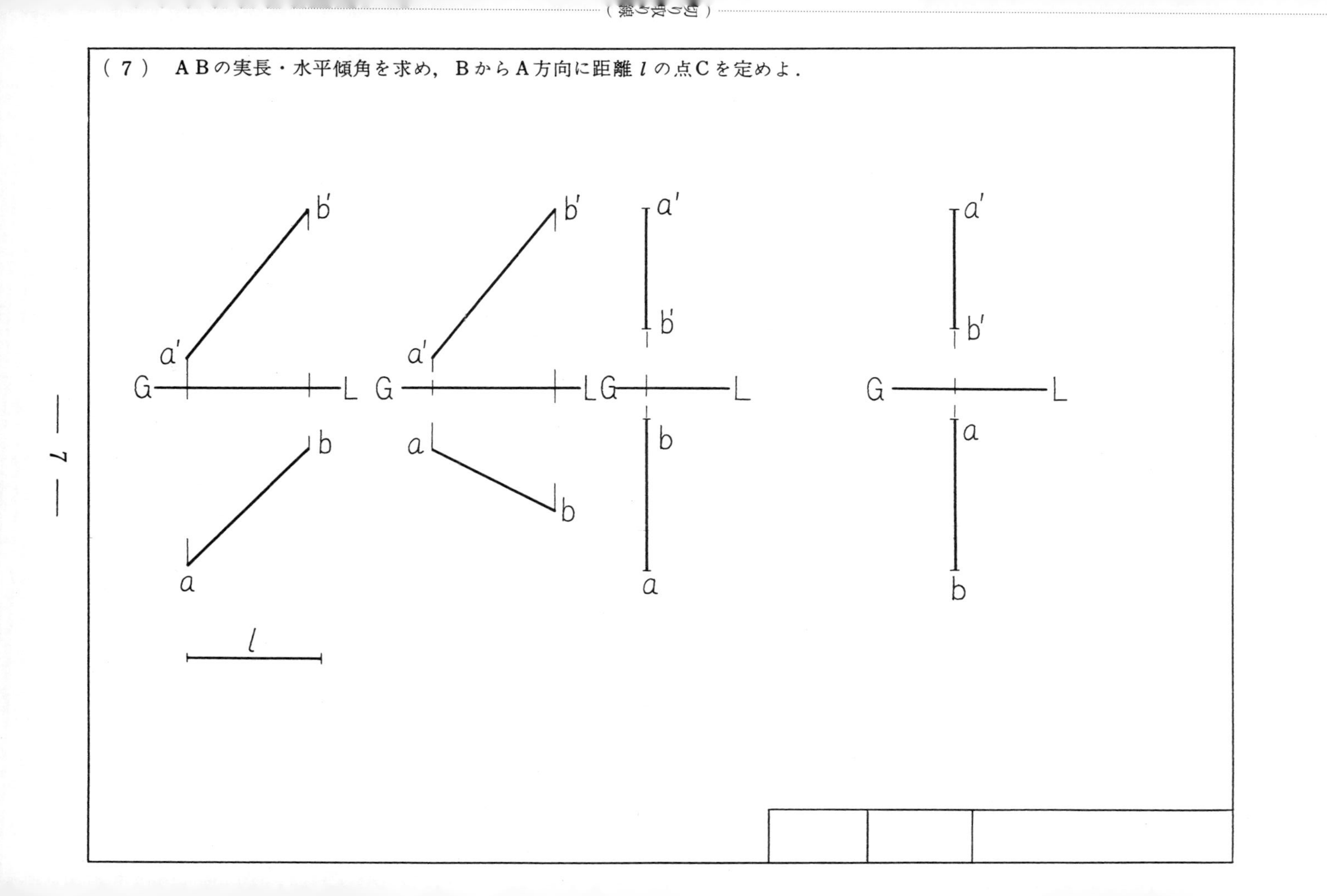

（切り取り線）

（8）

（a）点Cから直線ABに垂線を下し，その実長を求めよ．

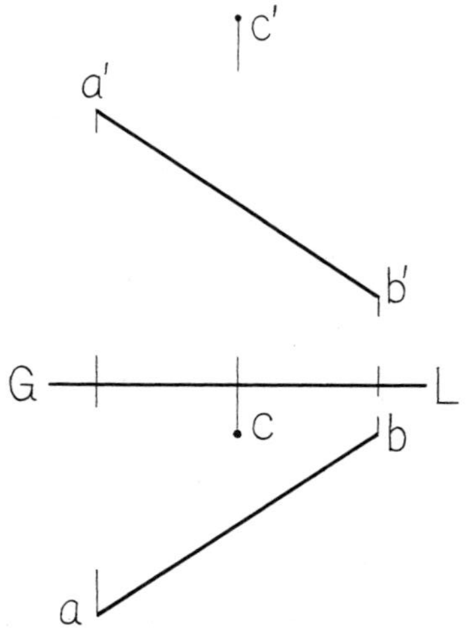

a′ c′ b′
G L
a c b

（b）GE⊥EFである．GEの投影を完成し，Gを中心としEFに接する球をつくれ．

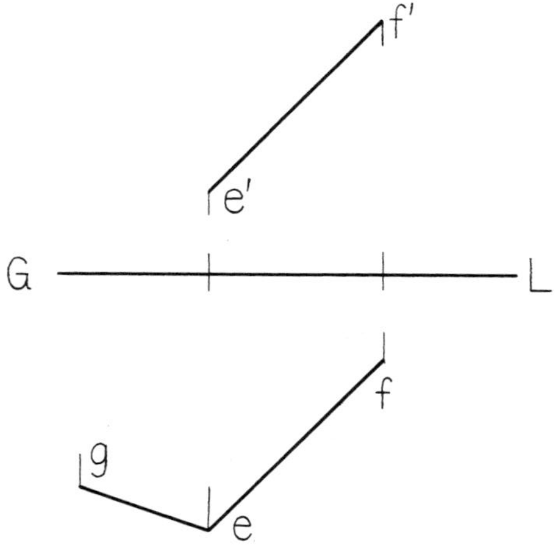

e′ f′
G L
g e f

（切り取り線）

（９） ねじれ二直線ＡＢ，ＣＤを結ぶ直線のうち，（ｉ）Ｐを通るＱＲ，（ii）最短距離線ＸＹをつくれ（ＡＢ点視）.

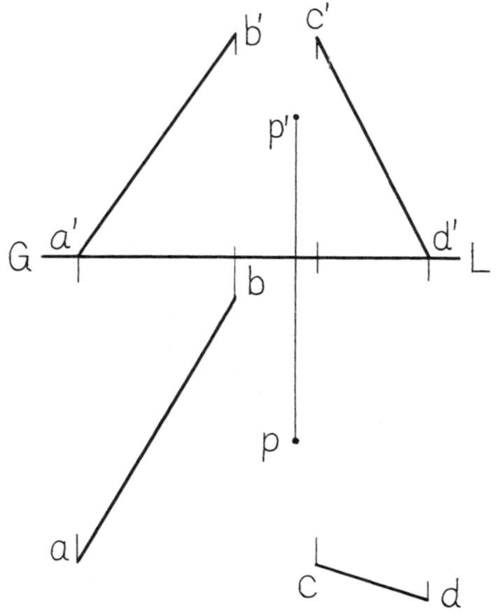

(10)

(a) 直線と平面の交点を定めよ（平面直線視法）.

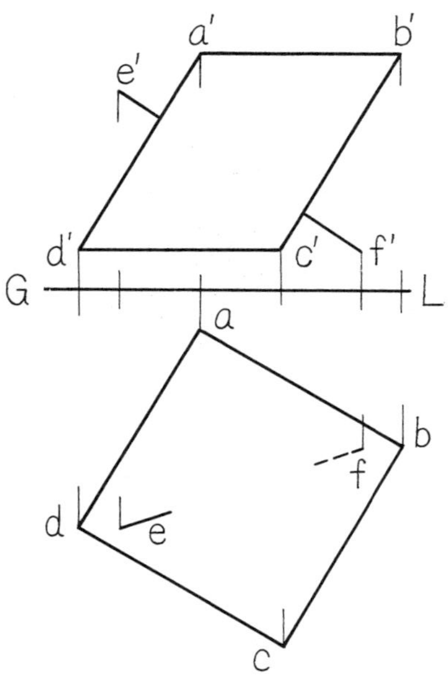

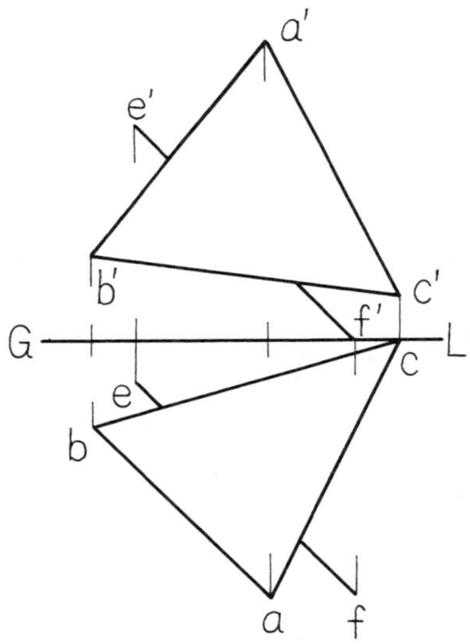

(b) 直線ABをふくみ，CDに平行な平面をつくれ.

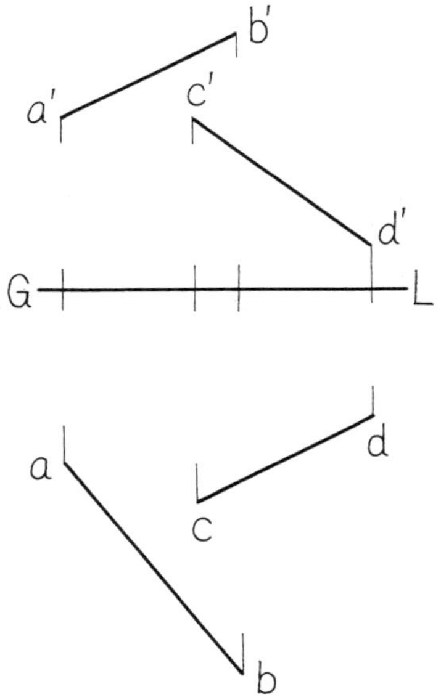

(11)

（a） △ABC，△DEFの交線を定めよ（△DEFの正面平行直線を用いよ.）.

（b） 交線を点視して，両平面の交角を求めよ（副立面図から始めよ.）.

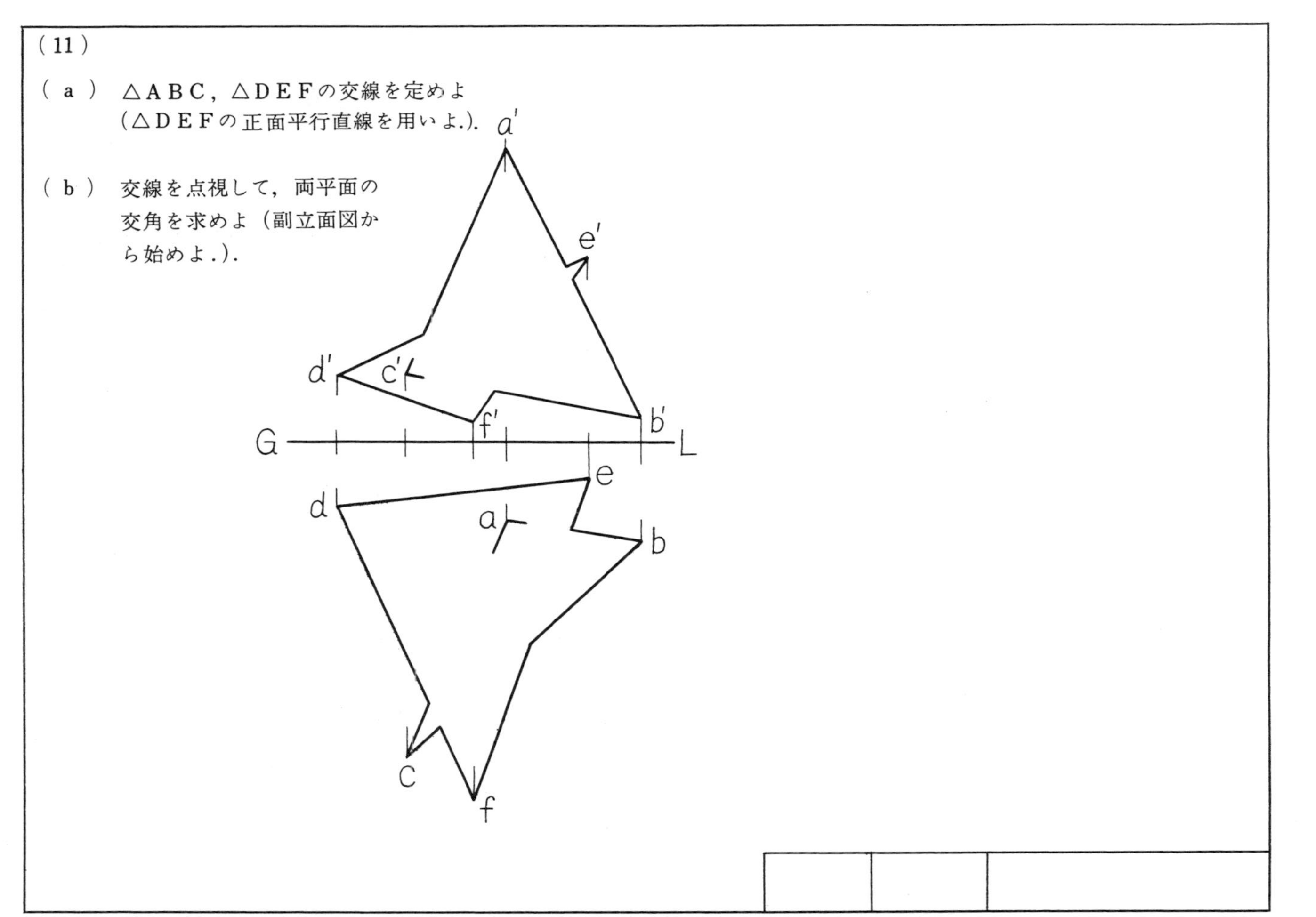

（12） 切断面（切口）を求む．

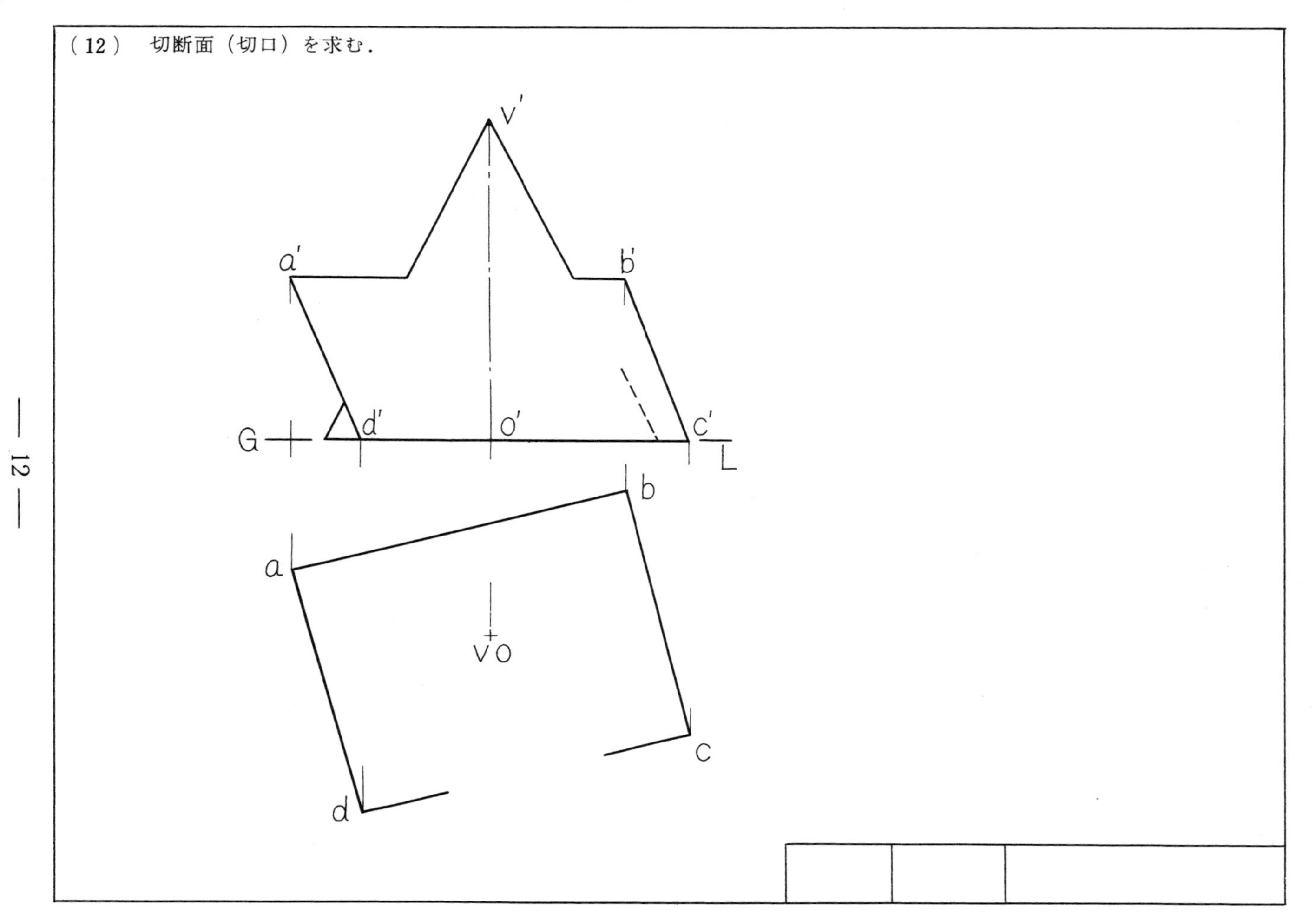

（切り取り線）

（13） 角Bの二等分線がADと交わる点Eを求め，BEを直径とする円を平面上にえがけ．

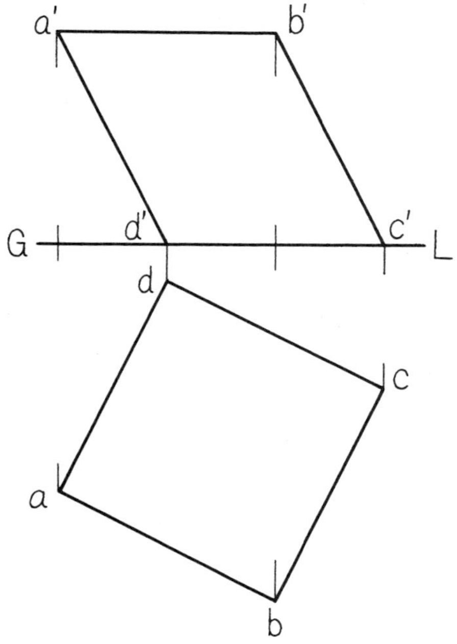

(14)

(a) 四角形ABCD上にEFを一辺とする 正三角形をつくれ．

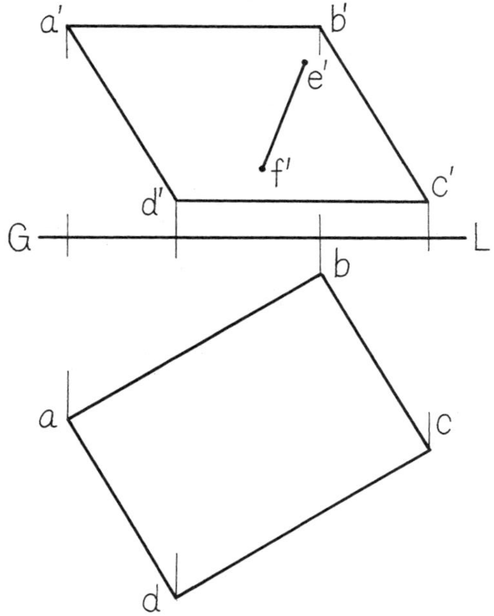

a′ b′ e′ f′ d′ c′ G L b a c d

(b) 球Oを，平面ABCDで切った切口を作図せよ．

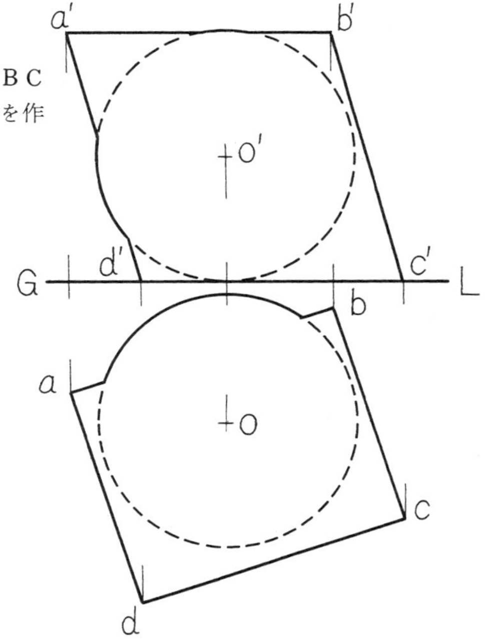

a′ b′ o′ d′ c′ G L b a o c d

(切り取り線)

（15） 交点・交線を定めよ（切断法）.

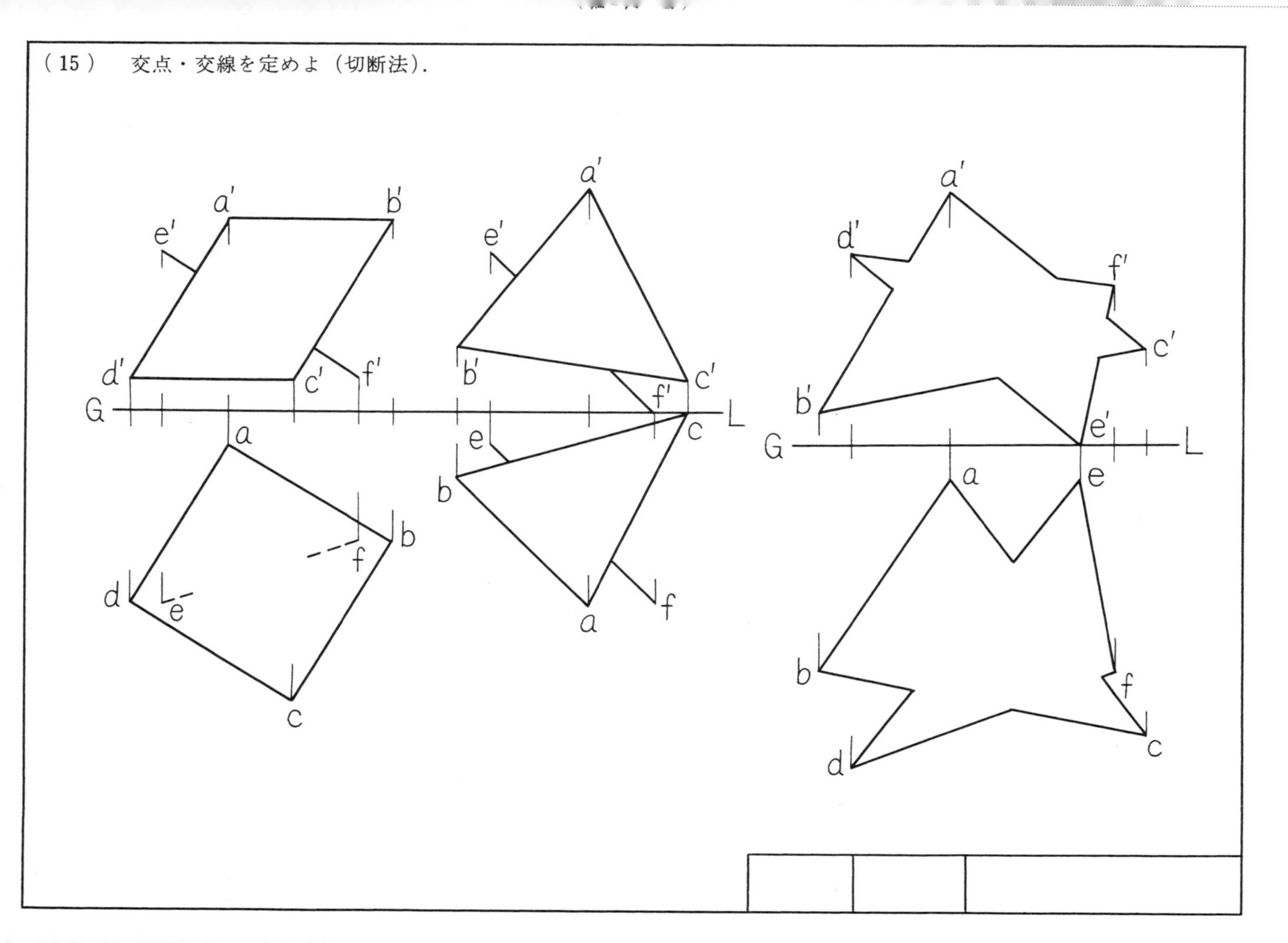

(16)

（ a ） 球Oと，直線ABとの交点を定めよ．

（ b ） 直円すいV－O上の点Pの投影を定めよ．

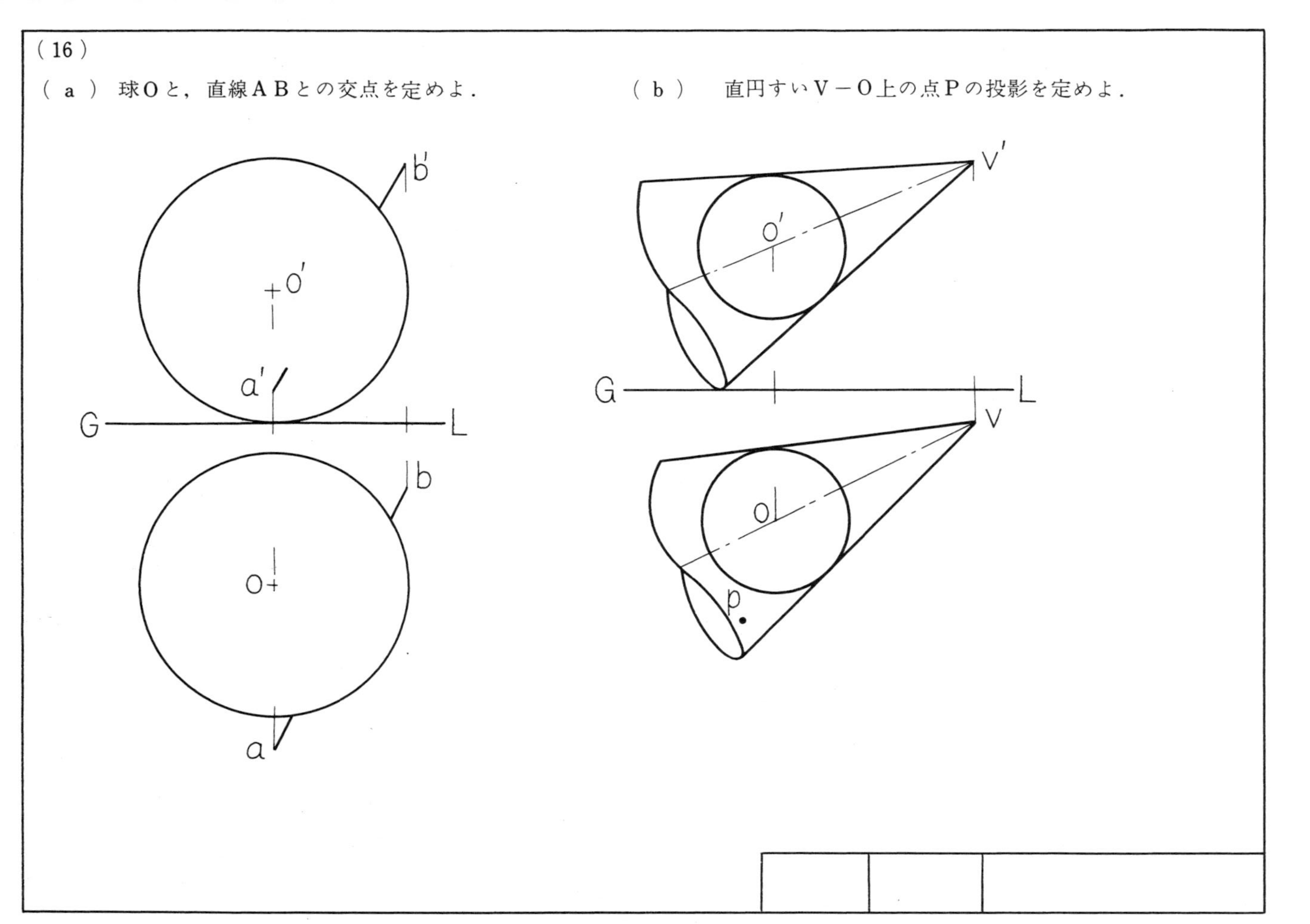

（17） 両多面体の交線を定めよ.

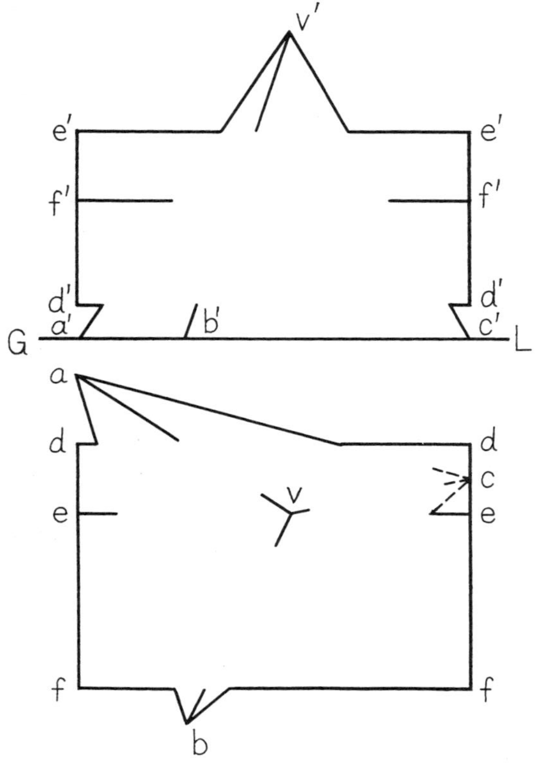

（切り取り線）

（切り取り線）

(18)　二つの直円柱の交線をつくれ（水平円柱の端円もえがけ.).

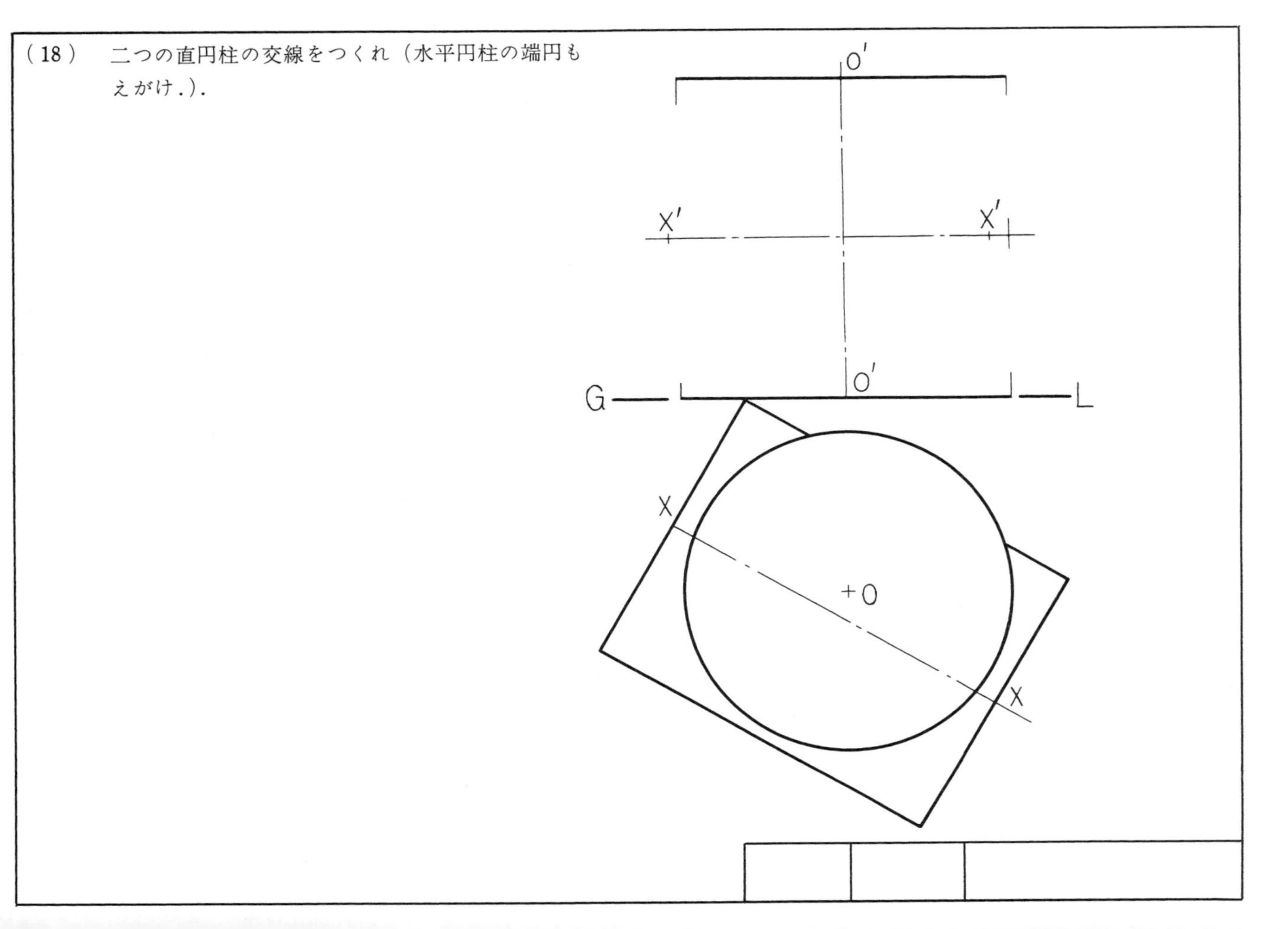

（切り取り線）

(19)

（ａ） ＡＢ，ＣＤを結ぶ水平で長さ l の線分を投射法で定めよ．

c′ b′ d′ G a′
l
a b d c

（ｂ） ＡＢ，ＣＤを結ぶＥＦ方向の直線ＧＨをつくれ（投射法）．

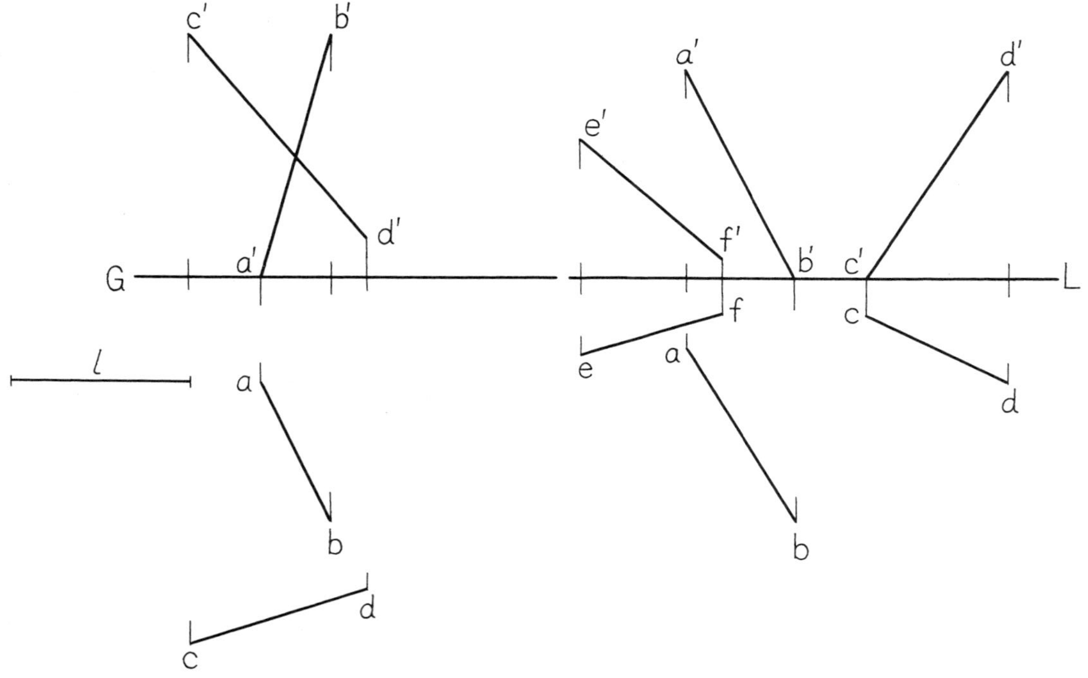

a′ d′ e′ f′ b′ c′ L
f c e a d b

(切り取り線)

(20)

(a)　中空円筒の平面図投影面への影をえがけ.

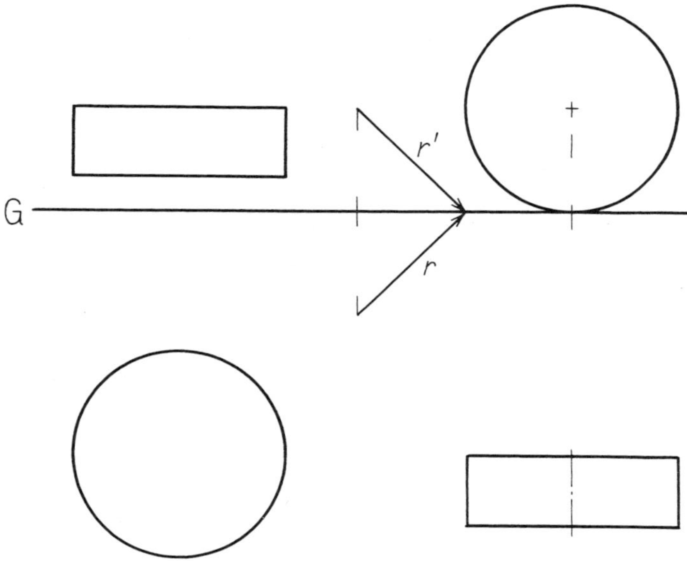

(b)　壁面への影をえがけ.

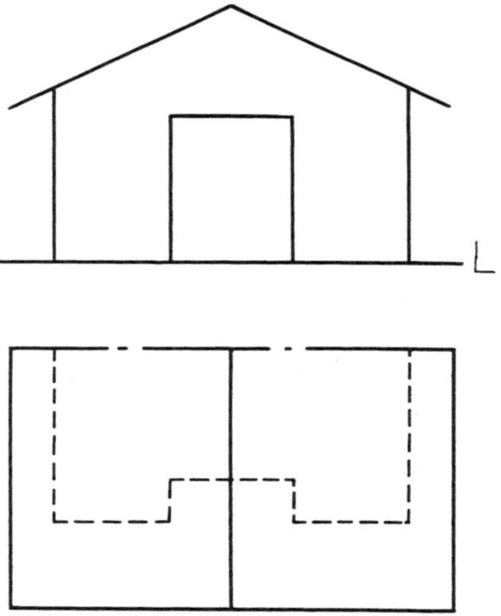

G

L

r'

r

（21） ねじれ四辺形ABCDを，AB，BCに平行なエレメントで結ぶ双曲放物面をつくり，G_1L_1による副平面図をえがけ．

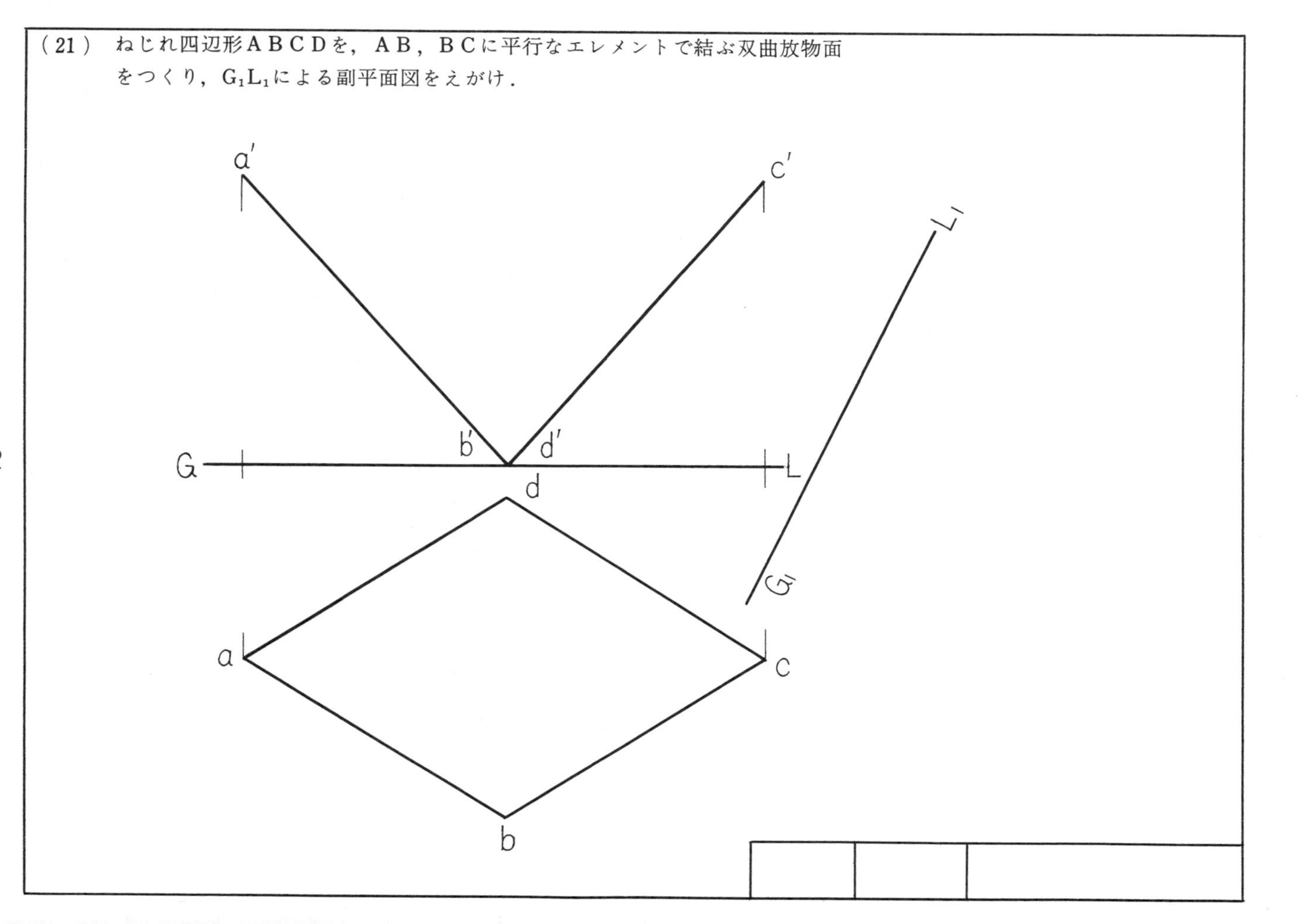

（22） ＡＢ，ＣＤをそれぞれ軸として，点Ｅでころがり接触をする回転比２：３の単葉双曲面をつくれ．

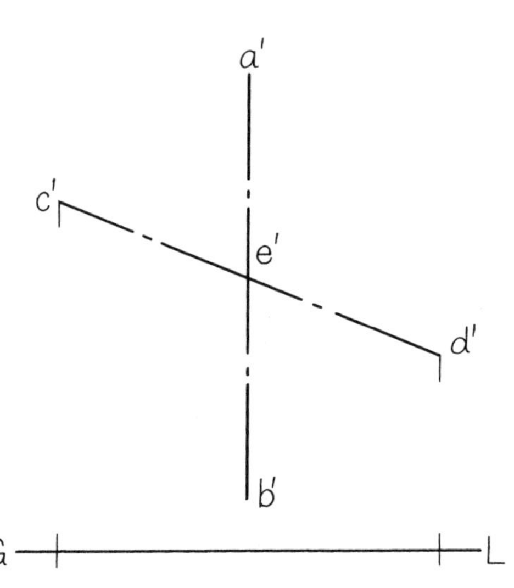

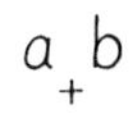

c d

（切り取り線）

（23）　ＢＣのえがく右回りヘリコイド面をつくれ．

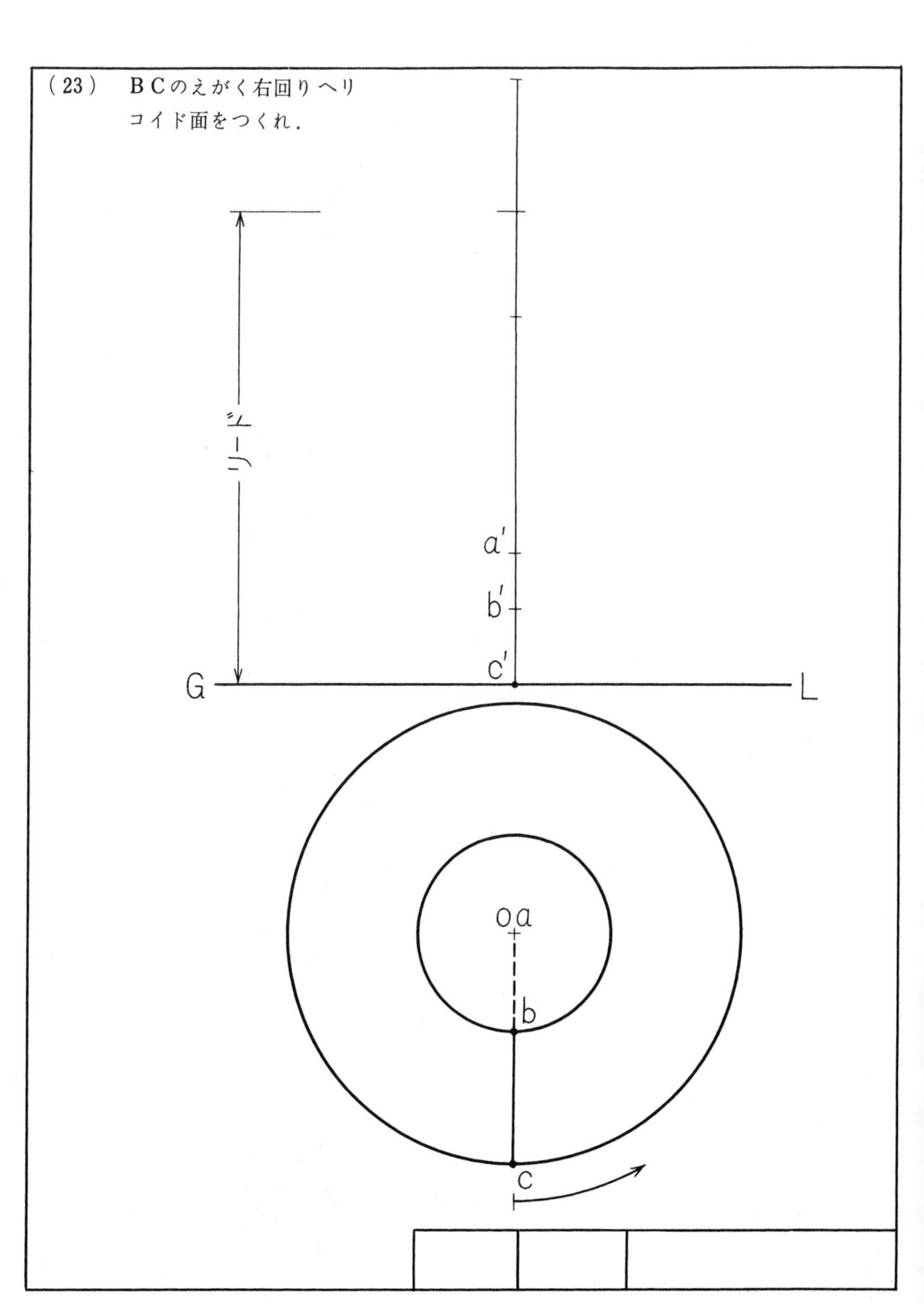

（切り取り線）

（切り取り線）

（24） 図の鐘形の回転体の平面図を定めよ．

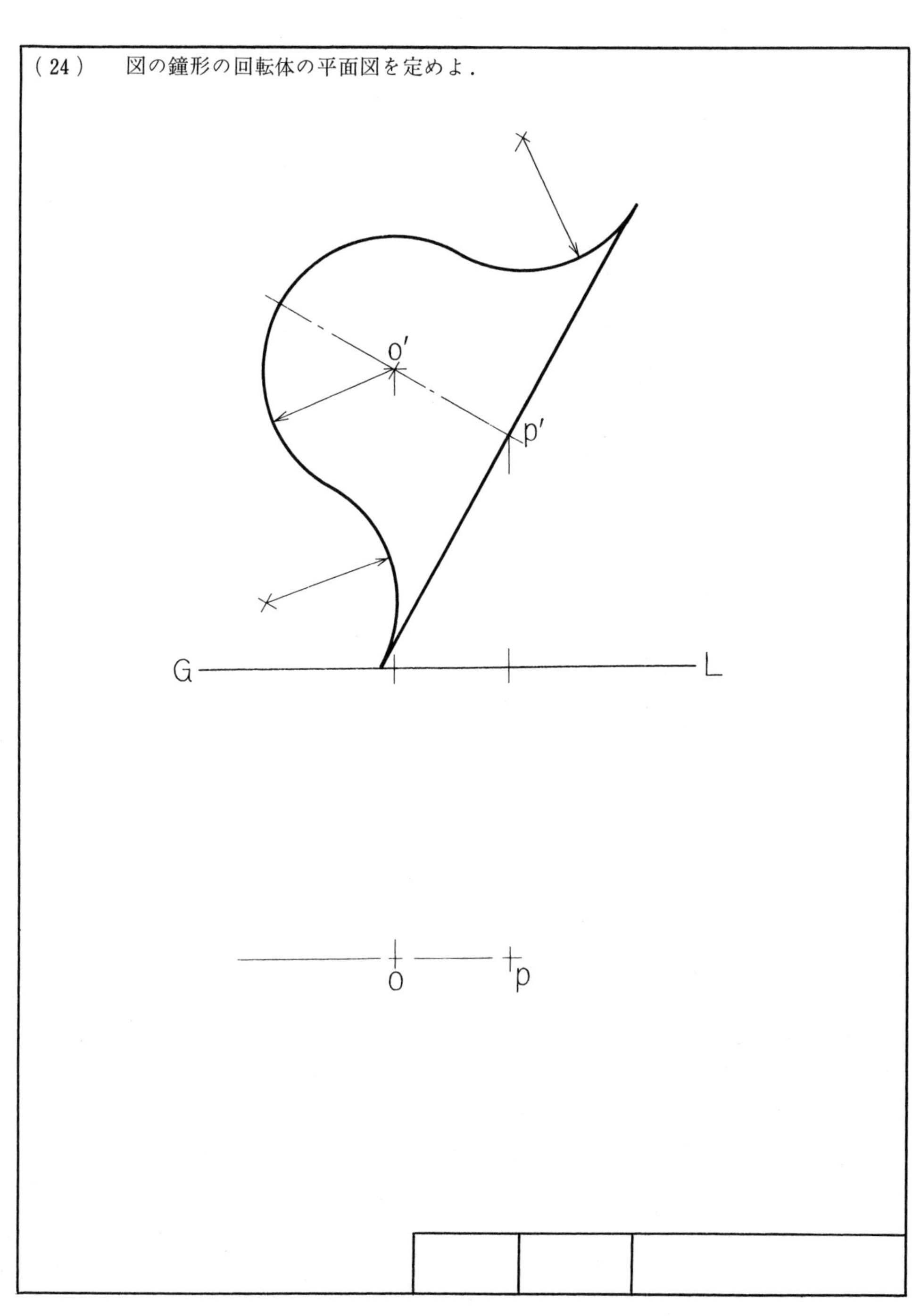

（切り取り線）

（25）　直立円柱を平面 π で切った下半分の側面を展開し，ＡＣ間の測地線を求めよ．

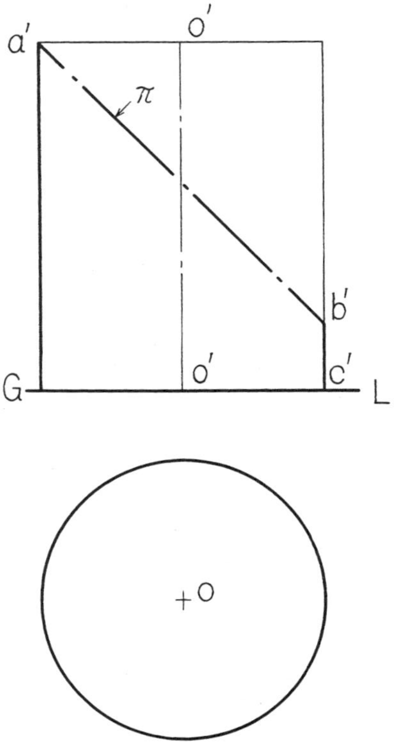

a' o' π b' c' o' G L +O

（26）　図の直立円すいの側面を展開せよ.

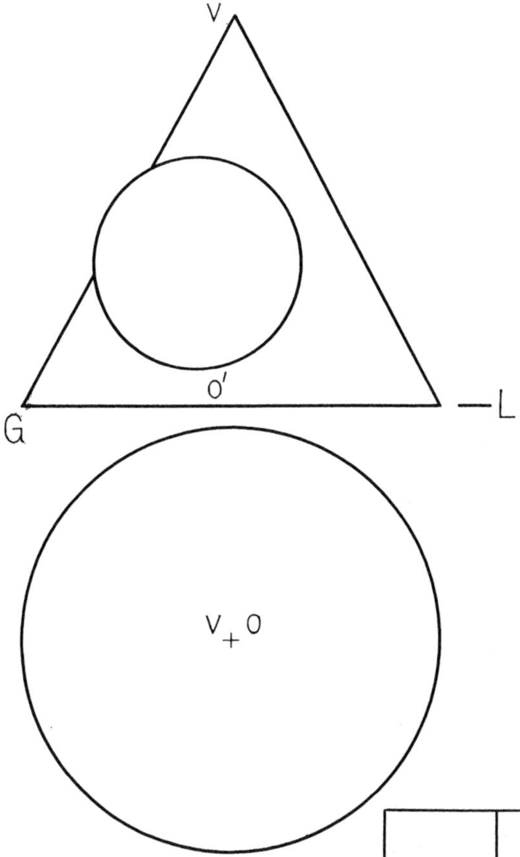

V′

O′

G

L

V + O

（切り取り線）

（切り取り線）

（27） 直立円柱面Oに沿って,AからBにいたるヘリカルコンボリュート面とその展開図をつくれ.

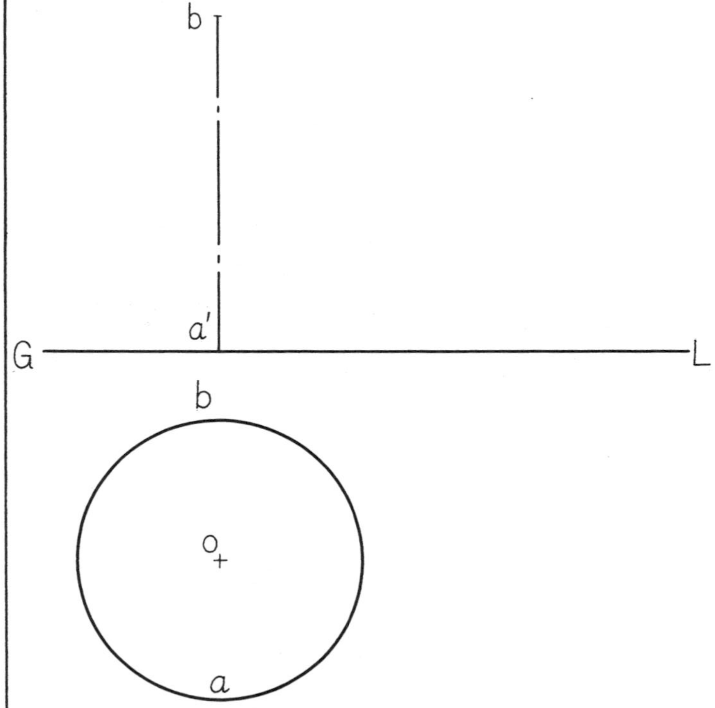

b

a′

G

L

b

o

a

（切り取り線）

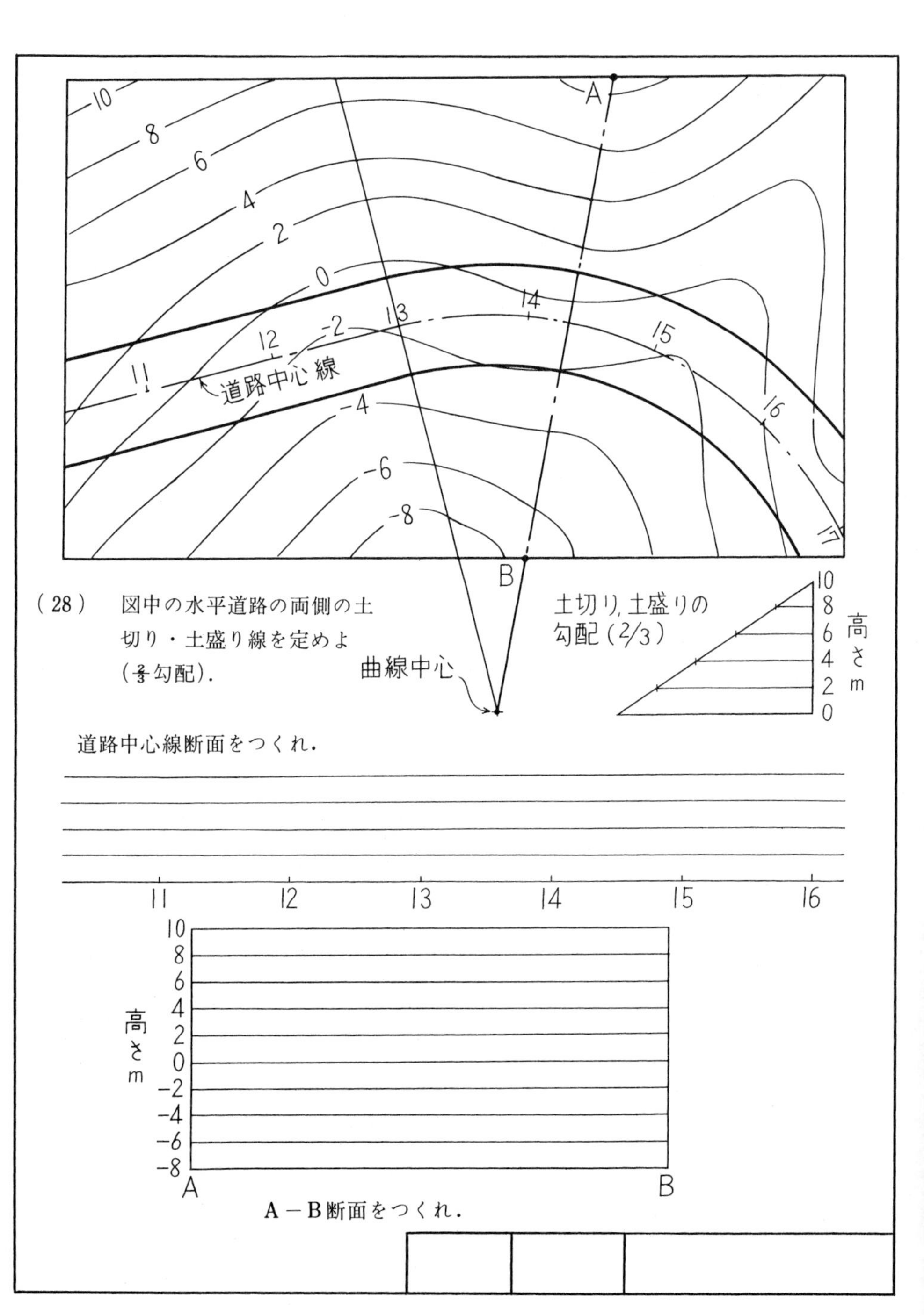
10
8
6
4
2
0
-2
-4
-6
-8
A
B
11
12
13
14
15
16
17
道路中心線
曲線中心
（28） 図中の水平道路の両側の土切り・土盛り線を定めよ（$\frac{2}{3}$勾配）.
土切り,土盛りの勾配（2/3）
高さ m
道路中心線断面をつくれ.
A－B断面をつくれ.

（29） 与えた立体の透視図を消点を用いてえがけ．

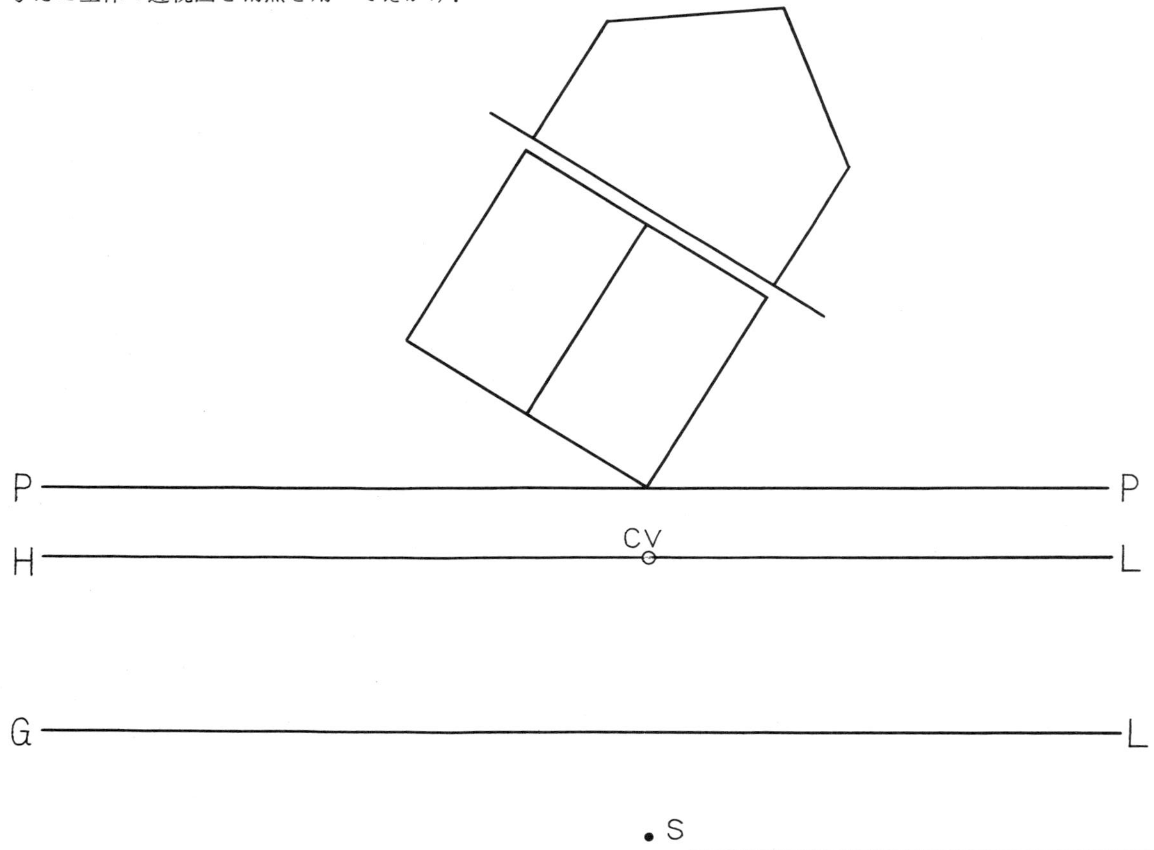

P P
H CV L
G L
S

（30） 測点を用いて，下の透視図をえがけ．

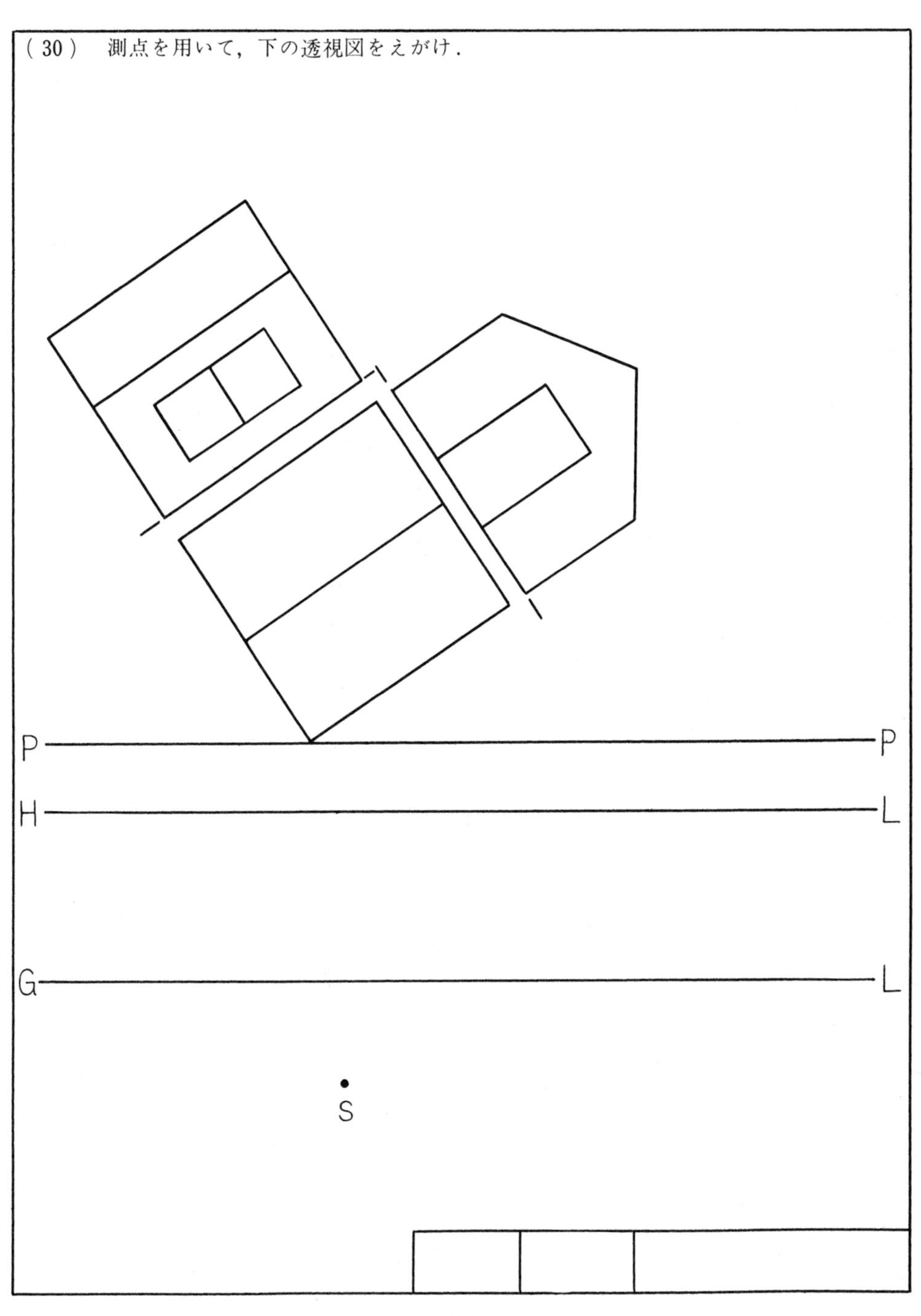

（切り取り線）

(31)

（a） 立体投影点p，q間の角を求めよ．

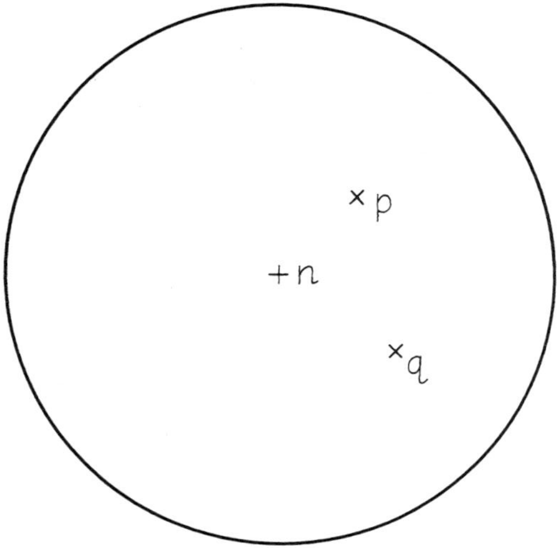

×p

+n

×q

（b） 立体投影で経度60°，緯度45° の点Pを中心とする角半径60° の小円の投影を求む．

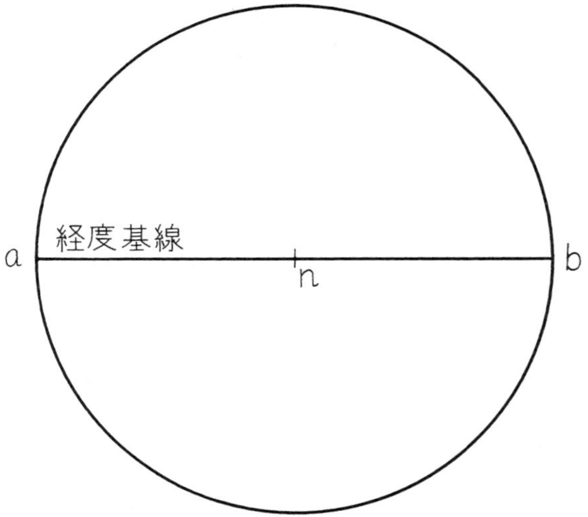

経度基線

a

n

b

（切り取り線）

—MEMO—

—MEMO—

基礎図学（第3版）

1969. 1. 25. 第1版第 1刷発行
1975. 3. 25. 第1版第 6刷発行
1976. 3. 25. 第2版第 1刷発行
1985. 2. 25. 第2版第 9刷発行
1986. 10. 25. 第3版第 1刷発行
2015. 8. 10. 第3版第15刷発行

本書は1969年1月に理工学社より刊行されました。重版にあたっては、理工学社の版数、刷数を継承して記載しています。

著 者 磯田 浩
発行者 加藤幸子
発行所 ジュピター書房

〒102-0081 東京都千代田区四番町2-1
電話 東京（03）6228-0237
FAX 東京（03）6261-3654
郵便振替口座 00140-5-323186番
E-mail eigyo@jupiter-publishing.com
www.jupiter-publishing.com

印刷・製本 モリモト印刷株式会社

© 磯田浩 1986 Printed in Japan.

ISBN978-4-9907483-6-4